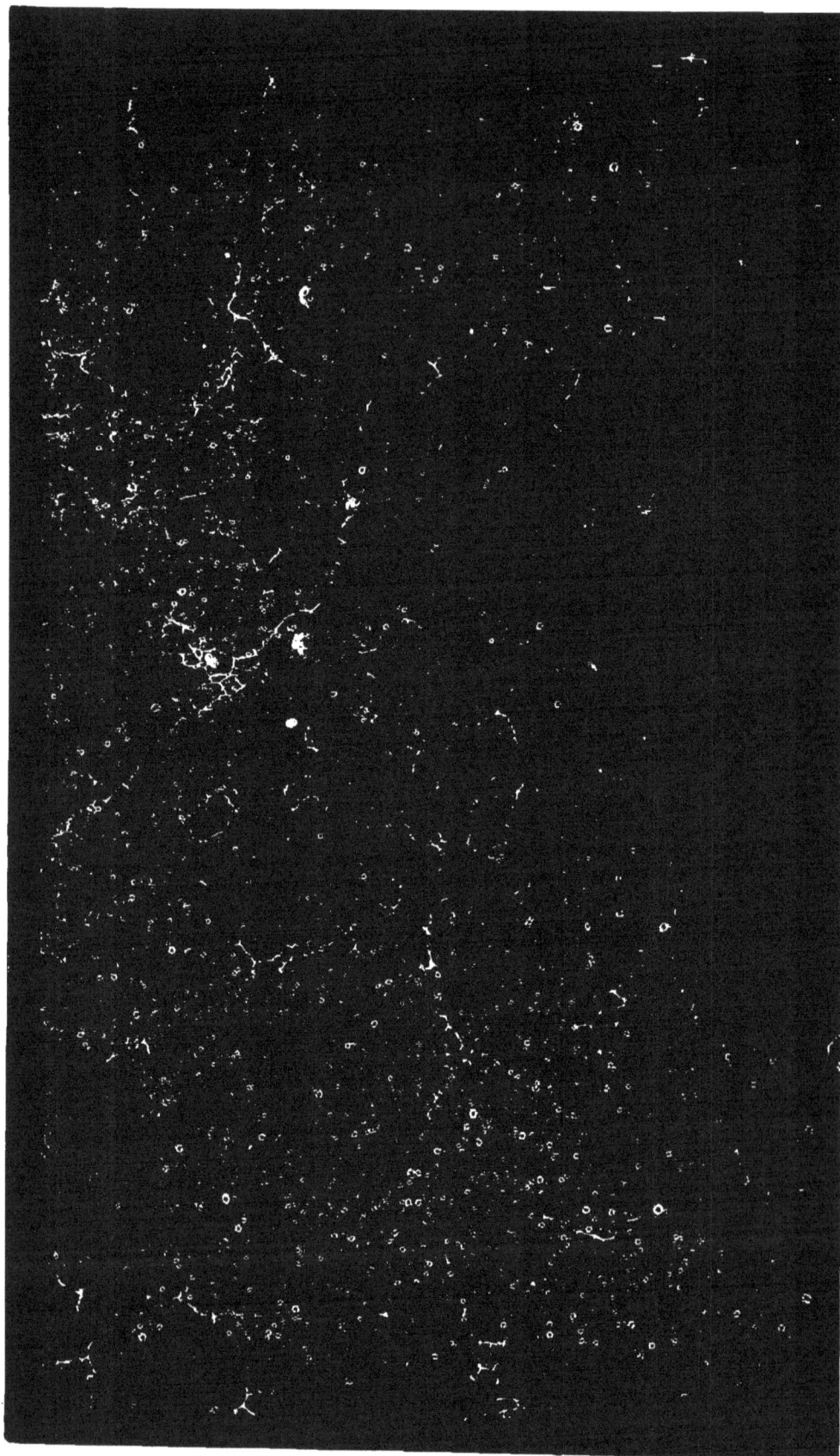

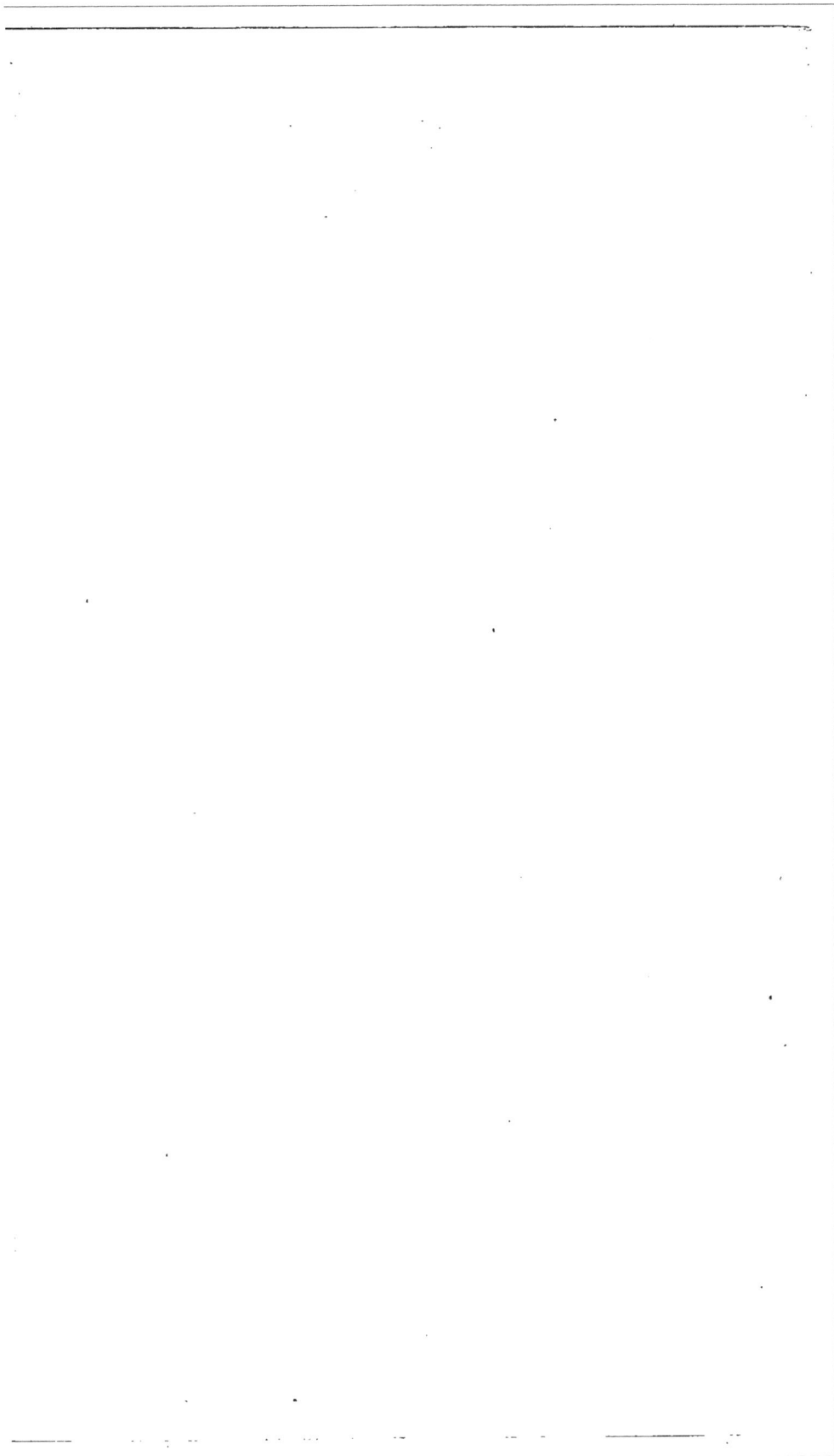

To 9 42

T 3310.
B 1.

OBSERVATIONS

PHYSIOLOGIQUES ET PSYCOLOGIQUES

SUR L'HOMME.

TOME I.

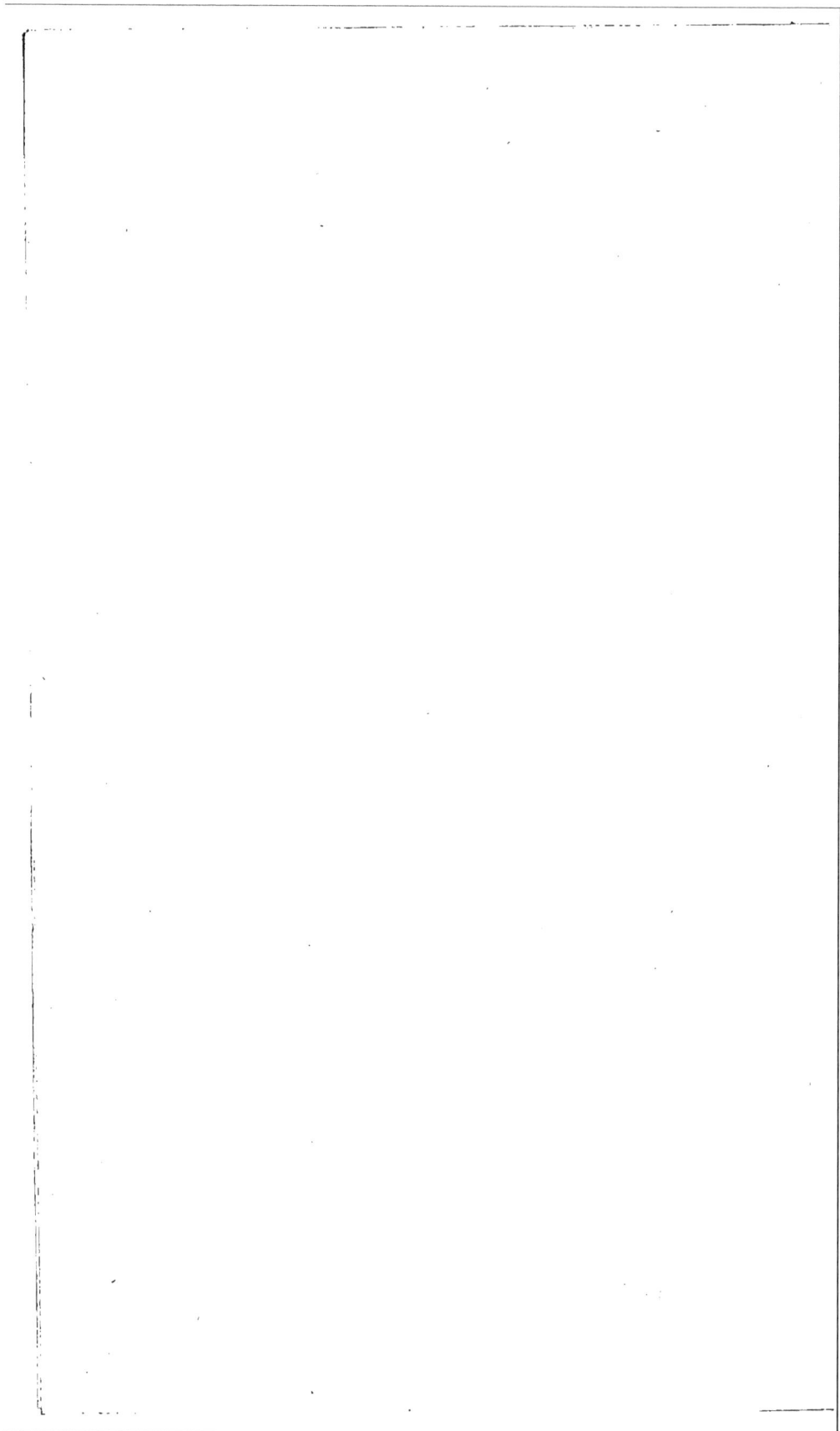

OBSERVATIONS

PHYSIOLOGIQUES ET PSYCOLOGIQUES

SUR L'HOMME,

Par L. M. JAMES,

Docteur en médecine,

Chevalier de la Légion d'honneur, membre de plusieurs

sociétés savantes.

TOME PREMIER.

PARIS,

J. M. EBERHART, IMPRIMEUR DU COLLÈGE ROYAL DE FRANCE,

ET LIBRAIRE,

RUE DU FOIN SAINT-JACQUES, N° 12.

1825.

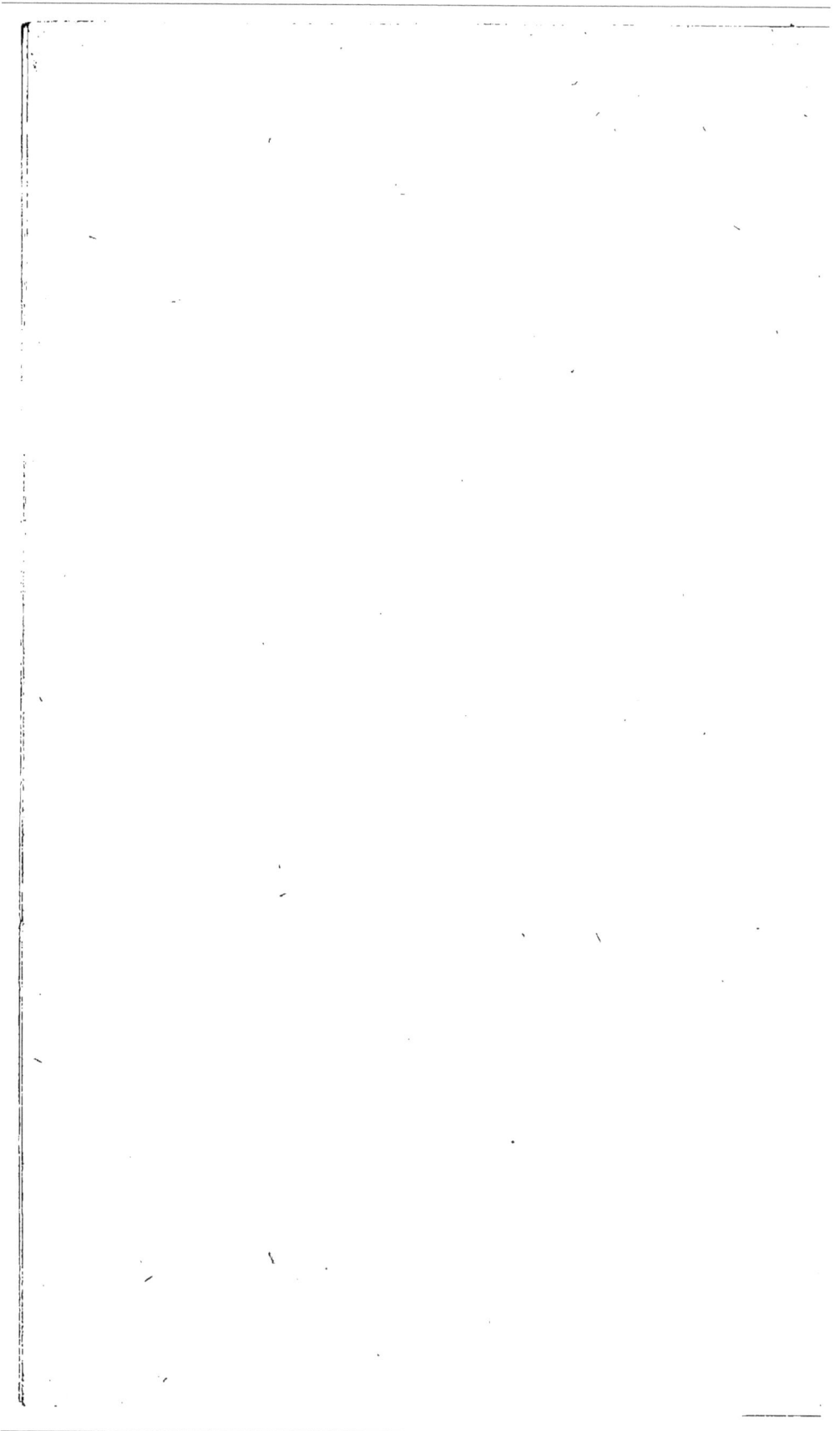

A MONSIEUR

J. LAFFITTE,

CHEVALIER DE LA LÉGION D'HONNEUR,
RÉGENT DE LA BANQUE DE FRANCE,
ETC.

———•◦→◦▸◦▶◉◀◦◂◦←◦•———

M·ONSIEUR,

En vous dédiant cet Ouvrage, je remplis le vœu de mon cœur, et je profite de cette occasion pour vous exprimer l'éternelle reconnaissance que m'inspirent les bienfaits dont vous m'avez comblé.

Mon plus grand désir est que mon Livre réponde, par son utilité, à l'importance des encouragements que vous m'avez généreusement accordés lorsque je le composais.

Je ne dirai rien de votre mérite personnel : qu'ajouteraient mes éloges à l'estime que vous accordent tous les bons citoyens, et à la considération dont vous jouissez dans toute l'Europe !

Je suis avec le plus profond dévoue-
-ment,

Monsieur,

Votre très-humble et très-
obéissant Serviteur,

James.

TABLE

DES CHAPITRES ET PARAGRAPHES

CONTENUS DANS CE PREMIER VOLUME.

———

FIN DE LA TABLE.

AVANT-PROPOS.

———

Le titre de cet ouvrage m'impose une tâche difficile à remplir, et m'oblige de parcourir une carrière immense dans laquelle ont succombé la plupart de ceux qui m'y ont devancé; je n'aurais donc pas eu la pensée, encore moins l'audace d'y entrer, si je n'avais trouvé la plupart des obstacles qui auraient pu m'y arrêter applanis par les travaux de nos prédécesseurs; et si en effet, quoiqu'aucun d'eux ne soit parvenu au but, beaucoup ne l'avaient approché d'assez près pour ne me laisser que peu d'espace à parcourir afin de l'atteindre.

J'ai profondément médité la plupart des

livres qui ont été écrits sur l'homme par les philosophes de l'antiquité, par ceux des temps modernes, par quelques savants qui en entrant dernièrement dans la tombe, ont laissé après eux une gloire immortelle; et enfin par un observateur profond qui à la fois grand philosophe et grand médecin, a fait faire à l'art de guérir un pas beaucoup plus grand que tous ceux qu'il avait faits depuis Hippocrate jusqu'à nos jours. Comme cet homme étonnant vit encore pour le bonheur de l'humanité, nous ne le nommerons pas de peur que cet éloge que nous dicte la conviction, ne paraisse aux yeux de quelques-uns un moyen d'appeler sur l'ouvrage que nous mettons au jour les suffrages de celui qui en est l'objet.

Cet ouvrage contiendra à la fois un traité de physiologie et de psycologie. Ces deux sciences y marcheront ensemble et toujours en s'appuyant l'une sur l'autre;

et l'on verra que dans l'histoire de l'homme
il ne se passe pas un phénomène physiologique qui ne soit suivi d'un effet psycologique, et que réciproquement tout phénomène psycologique est aussi précédé d'un
phénomène physiologique. Ainsi l'on verra
le physique et le moral enchaînés par des
liens qui les rendent inséparables, et dans
leurs principes et dans leurs résultats ; c'est
à rendre cette vérité évidente qu'ont tendu
tous mes efforts : car c'est à me la démon-
trer qu'ont concouru toutes les expériences,
toutes les observations et toutes les études
que j'ai faites.

Descartes a dit que, s'il y avait un moyen
de rendre les hommes meilleurs et plus in-
struits, c'est dans la médecine qu'il fallait le
chercher; et sans doute si ce grand homme
qui a su nous apprendre à douter, s'était
laissé conduire à la lumière de cette vérité,
il ne serait pas tombé dans les erreurs qu'on

1.

lui reproche aujourd'hui. Oui sans doute
la physiologie et la psycologie sont deux
sciences qui doivent marcher ensemble et
s'éclairer réciproquement sous peine de
s'égarer. Homme , connais-toi toi-même :
telle fut la maxime des philosophes de
l'antiquité ; mais tous, si l'on en excepte
Aristote, n'appliquèrent cette maxime qu'à
l'homme moral , comme si l'homme moral
pouvait exister sans l'homme physique , et
comme si celui-là n'était pas un effet immédiat de celui-ci. Homme, connais-toi toi-
même , c'est-à-dire cherche à découvrir
tous les ressorts de ton existence intérieure,
et tous les fils qui te lient et te tiennent
enchaînés à l'univers extérieur.

L'espèce humaine dans la chaîne immense qui forme les êtres organisés, animaux ou végétaux, compose à elle seule
l'anneau qui joint les formes fugitives et
éphémères à la forme absolue et éternelle ;

et puisque chacun des individus qui la compose, porte en lui-même le désir de l'immor-
talité , comme un supplément à l'instinct
commun aux autres animaux ; ce désir
est véritablement le caractère distinctif de
notre espèce , puisqu'on ne le trouve qu'en
elle seule. Comment découvrir dans l'homme
physique l'origine de ce caractère moral ?
C'est à cette découverte que nous tâcherons
de conduire insensiblement et sûrement
ceux qui auront la patience de nous lire.
Mais pour y parvenir, nous serons obligé de suivre l'homme depuis le moment
où il se développe dans le sein maternel jusqu'à celui où, accablé par une
maladie, ou par la main du temps , il
passe, de la classe des êtres organisés vivants, dans le domaine de la matière
inerte, si toutefois ce domaine existe dans
l'univers.

Nous croyons occuper et nous occupons

en effet le premier degré dans l'échelle des animaux. Jetons cependant un coup-d'œil sur un individu de notre espèce au moment où il sort du sein maternel dans lequel il est enveloppé; que verrons-nous? une masse informe et presque sans consistance qui semble fixée à la terre par son poids ; est-ce bien là l'être que la nature semble avoir destiné à cultiver son domaine, à étudier et à imiter ses merveilles? est-ce bien cet être nu, à peine couvert d'un derme délicat, qui vivra sous les climats embrasés de la zone torride, et au milieu des glaces éternelles qui couvrent les terres du nord? Quoi! ce sont ces extrémités abdominales et thorachiques, dont les mouvements incertains, faibles et automatiques, ressemblent à ceux des roseaux agités par les vents, qui, un jour dirigées par une volonté ferme, franchiront des distances immenses, applaniront des montagnes, exhausseront les

plaines, imposeront des digues aux torrents, jetteront des routes sur des fleuves,
dépouilleront les forêts, épuiseront les entrailles de la terre pour en couvrir la surface d'édifices immenses ; qui construiront
des machines plus fortes que les vents et
les flots en courroux, fabriqueront un
autre tonnerre, et lanceront au loin la mort
et la destruction ! Ces cris faibles et gla-
plissants, sont-ils donc le prélude de cette
voix forte qui commandera aux animaux,
de cette voix de l'homme qui commandera
aux autres hommes ? Tout, au contraire, dans
ce nouveau-né sans force, sans défense, ne
semble-t-il pas vous annoncer un de ces
êtres imparfaits que la nature abandonne
après les avoir formés dans ses nombreuses
aberrations ? Cependant ne nous y trom-
pons pas : c'est dans la faiblesse même de
son enfance qu'est le secret de la force de
l'homme.

Supposez en effet que, couvert d'une plume ou d'une laine épaisse, nous puissions braver, sans le secours d'un asile ou d'un vetement, les rigueurs des saisons et des climats; donnez-nous pour résister à nos ennemis la force du lion, pour atteindre notre proie la rapidité de l'aigle; donnez-nous enfin les moyens physiques que les animaux ont reçus de la nature pour pourvoir à leurs besoins : comme eux nous paîtrons, dormirons, nous reproduirons, sans souvenir du passé, sans inquiétude pour l'avenir, uniquement occupés du présent. Mais heureusement pour l'homme, il est privé de ces moyens, et c'est cette pauvreté physique qui fait sa richesse morale. Soumis pendant la longue faiblesse de son enfance au joug de ceux de qui il tient l'existence, il faut qu'il apprenne d'eux à marcher, à parler et à connaître les substances propres à le nourrir. Sans leur secours il serait mort en naissant; et, dans

l'âge même de la vigueur, il périrait bientôt
victime de l'inclémence des airs et des animaux carnivores, sans l'appui de ses semblables; il faut donc qu'il recherche cet appui.
Et de même que le canard et la tortue ne
sont pas plus tôt éclos, que l'un court vers
l'étang voisin, et que l'autre est entraîné
irrésistiblement vers la mer, l'homme est
porté par son instinct à réclamer ce secours
et à se réfugier au milieu de ses semblables.

Les cris qu'il pousse en naissant sont les
phénomènes de cet instinct, comme lui ils
sont particuliers à notre espèce.

S'il est évident que c'est à cause de sa
faiblesse que l'homme recherche la société,
et si c'est aussi au sein de la société que se
développe son intelligence, il est démontré
que c'est à sa faiblesse physique qu'il doit
sa force morale, et l'empire qu'il exerce
sur la terre. Ainsi nous disons que par la

nature de son organisation physique ,
l'homme est un être évidemment social ; et
cette proposition féconde en conséquences
utiles , sera avec beaucoup d'autres qui en
dépendent , développée dans la suite de
cet ouvrage.

Le petit de la poule est à peine éclos que
déjà il cherche, trouve et choisit les grains
propres à sa nourriture. Le nouveau-né
de la cavale est à peine sorti de la matrice
où il s'est développé, que de là il connaît
celle à qui il doit sa naissance, et se trouve
assez fort pour la suivre dans la prairie où
il bondira près d'elle, et où ils trouveront
une délicieuse et abondante pâture. Cependant le fils de la femme gît fixé comme
une masse immobile sur la surface de la
terre où il a été déposé par une mère qu'il
ne peut encore ni connaître ni distinguer ;
malheur à lui si cette mère l'abandonne ,
et ne lui porte pas dans sa tendresse le sein

nourricier qu'il demande, et dont il n'a pas la force de s'approcher, un jour suffira pour le rendre à la masse générale de la matière inanimée. Oui dans un jour, il retournera à la mort, cet enfant dont la nature a pendant neuf mois préparé la vie dans les entrailles maternelles. Ses yeux et ses oreilles sont ouverts, et il ne voit pas, et il n'entend pas; ses mains s'agitent, et il ne sent rien; ses cris seuls annoncent qu'il vit, et ces cris sont des cris de douleur. Le voilà tel qu'il est le jour de sa naissance, tel qu'il sera pendant plusieurs semaines, pendant plusieurs mois encore, celui qui doit régner sur le globe, et s'asservir tous les animaux. Comparez ce maître orgueilleux avec les animaux dont il a fait ses esclaves, il n'en est pas un qui ne surpasse en force, en adresse, en activité, son imbécille enfance.

Mais soumis par la longue faiblesse et les

besoins de cette enfance, à l'autorité de ceux dont il a reçu le jour, l'homme apprend de ses parents à reconnaître, à solliciter les aliments que réclame son instinct, à distinguer, à désigner ceux qui sont les objets de sa préférence. Il n'a pas encore la force de s'en approcher, que déjà il a l'art ou par ses pleurs ou par ses caresses, ou par sa voix de les désigner, de les obtenir et de se les faire présenter. Ses membres, son tronc si long-temps débiles ont à peine acquis la force de soutenir le poids de la tête qui les couronne, et déjà cette tête en dirige, en perfectionne tous les mouvements. Docile et soumis par la nécessité à ceux à qui il doit sa première nourriture, ses premiers plaisirs et ses premières leçons, son premier sourire et son premier regard sont un sourire et un regard de tendresse et de reconnaissance. Attaché par des besoins impérieux à ses parents tant qu'a duré son enfance, d'autres liens non moins solides l'attachent encore à eux dans son adolescence. Comme ses désirs croissent avec sa force, il n'en a jamais assez pour les satisfaire sans leur secours, leurs conseils et leurs leçons : il les sollicite et les obtient, et les paie de tout son amour ; ainsi il est préparé à rechercher aussi dans l'âge mûr l'appui de ses semblables, à aimer comme d'autres parents ceux qui lui accordent cet appui : il leur prête le sien à son tour. De ce commerce mutuel naît une association dans laquelle chaque individu met en commun une partie de ses forces, pour obtenir le secours de tous. Ainsi se forme un faisceau commun de toutes les forces individuelles, et il en résulte de cet accord de l'espèce humaine qu'aucun ne pouvant seul pourvoir à sa conservation, chacun trouve néanmoins dans le secours des autres, un superflu de moyen d'où naissent pour tous de nouveaux besoins ; de ces nouveaux besoins naissent de nouveaux efforts, de ceux-ci de nouveaux produits.

On recherche depuis long-temps quelle est l'origine de la société; mais il me semble que si chacun des philosophes qui se sont livrés à cette investigation, s'était demandé ce qu'il serait devenu si dès son enfance il eût été abandonné à lui-même, ce qu'il deviendrait encore s'il était délaissé dans une terre féconde en fruits propres à le nourrir, mais où à la douceur du printemps succéderaient les chaleurs brûlantes de l'été, et à l'abondance de l'automne les rigueurs de l'hiver, il me semble qu'il l'aurait trouvée cette origine dans la nature de ses besoins, et dans l'impossibilité de les satisfaire sans le secours de ses semblables. Hélas ! l'homme isolé, quelque favorables que puissent être pour lui les circonstances, périrait bientôt, ou faute de nourriture, ou victime des éléments au milieu desquels il est comme les autres animaux obligé de vivre, mais contre les injures desquels la nature n'a pas pris soin de le munir comme eux.

Ne cherchons donc pas ailleurs que dans les besoins et la faiblesse de l'homme l'origine des sociétés humaines. Les mamifères et la plupart des oiseaux sont portés par l'instinct de la conservation de leur espèce à pourvoir à la nourriture de leurs petits ; mais ils les abandonnent aussitôt qu'ils les sentent assez forts pour se la procurer eux-mêmes. On les voit alors s'isoler ou courir à de nouvelles amours sans aucun souvenir de ces petits ; et de leur côté, ceux-ci n'ont pas plus tôt la force de se nourrir eux-mêmes qu'ils ont oublié ceux qui les ont produits et nourris. Les aiglons chassés de l'aire où ils ont pris naissance n'y retournent jamais ; ils vont même, forcés par leurs parents,

chercher leur proie loin de la contrée qui
les a vus naître. Si d'autres animaux tels que
les abeilles, les castors, contractent entre
eux des sociétés plus durables et plus constantes, c'est que la nature de leurs besoins
exige un concours d'efforts mutuels, sans
lequel ils ne pourraient être satisfaits. Ainsi
leur association permanente est fondée sur
des besoins également permanents. Comme
la société passagère des mamifères et des
oiseaux qui nourrissent leurs petits résulte
directement de l'instinct de la propagation
de leur espèce; il me semble que de ces observations contre lesquelles je pense qu'on
ne peut élever aucune objection raisonnable, on doit conclure que l'instinct social
appartient éminemment à l'homme, puisqu'il est également fondé sur ses besoins
individuels et sur la conservation de son
espèce. Les autres animaux doivent tout à
la nature; l'homme n'a reçu que des besoins,

et il s'est créé lui-même les moyens de les satisfaire.

L'état social, inhérent à son organisation particulière, et sans lequel, sur quelque point du globe qu'il habite, il ne pourrait ni vivre, ni perpétuer son espèce; l'état social, dis-je, en ajoutant à ses richesses, lui donne de nouveaux goûts, de nouveaux désirs, de nouvelles passions; et, quand on pourrait dire que ces goûts, ces désirs, ces passions ont leur source dans ses facultés physiques et intellectuelles, il n'en serait pas moins démontré que ces facultés en reçoivent chaque jour une force et une activité nouvelle, et que semblables aux feuilles des végétaux qui puisent dans l'air des aliments dont elles portent le tribut aux branches et à la tige qui les ont produites, les affections contribuent puissamment au développement de l'intelligence, qualité précieuse, mais dont la nature n'a doué l'espèce hu-

I. 2

maine que pour recevoir au centuple l'intérêt de ce bienfait.

Sans doute la terre est le vaste domaine de l'homme intelligent : mais dans quel état l'a-t-il reçue ? habitable pour les lions et les serpents, elle ne l'était ni pour lui, ni même pour les animaux qu'il a su s'associer. Laborieux fermier de la nature, il a converti en prairie et couvert de fleurs odorantes des marais infects; il a planté ou cultivé la vigne sur des coteaux couverts de ronces et d'épines; il a fait croître des fruits délicieux dans des vallons où roulaient des torrents dévastateurs. Vengeur et protecteur des animaux faibles et paisibles, il repousse loin d'eux les tigres et les lions carnassiers. Ses passions, ses besoins ont fait d'un immense et affreux désert un immense et délicieux jardin. Il a cultivé, perfectionné, changé, tout ce dont il pouvait approcher; il a soumis à ses calculs les globes les plus éloignés de celui qu'il habite, et fait tourner à son profit les éléments qui paraissent lui être les plus nuisibles.

La science de l'homme, comme je l'ai déjà dit, a toujours été regardée comme le plus noble et le plus utile des objets des recherches et des travaux de tous les philosophes. Malheureusement la plupart des sages de la Grèce se sont livrés exclusivement à l'étude de l'homme moral et ils ont entièrement négligé celle de l'homme physique : et ils n'ont pas senti qu'il existe, entre l'organisation matérielle de l'homme et sa vie morale et intellectuelle, des rapports si intimes, que celle-ci est entièrement renfermée dans celle-là ; et qu'il faut absolument, sous peine de tomber dans des erreurs grossières, ou des subtilités ridicules, voir l'homme moral tout entier dans l'homme physique. Aussi les Platoniciens et les Stoïciens même ont-ils établi des doctrines plu-

2.

tôt faites pour séduire l'imagination que pour satisfaire la raison. Des principes plus solides et plus vrais auraient nécessairement fait disparaître ces rêves brillants de l'imagination en délire, si les disciples d'Épicure n'avaient point abusé de la philosophie de leur maître. Platon ne voyait qu'une source d'illusions dans les objets qui tombent sous les sens, et il n'y avait de réel pour lui que ce qu'il est impossible de sentir; sa philosophie, essentiellement contemplative, avait le défaut capital de faire sortir l'imagination hors des limites des choses palpables, pour la transporter dans la région des chimères : et elle devint une source d'erreurs funestes à l'humanité lorsqu'elle passa de son école, où l'on savait douter, dans celle des Theurgistes et des Théosophistes, qui ne regardaient comme assuré que ce qui ne leur était pas donné de connaître par leurs sens. Heureusement ces erreurs dont les résultats ont épouvanté l'imagination, ont disparu devant les lumières du siècle. On sait aujourd'hui que vivre c'est sentir, que le sentiment est le résultat immédiat des impulsions des objets qui tombent sous les sens, et que conséquemment l'étude de l'homme comprend aussi celle de tous les objets avec lesquels la nature et la civilisation l'ont mis en rapport. Puisque l'homme n'existe que par ses sens, il n'y a rien pour lui qui ne soit relatif à sa sensibilité, et ses sens modifiés par tous les objets extérieurs, en sont à leur tour les modificateurs.

On voit par-là que l'étude de l'homme renferme non-seulement celle de son organisation, mais encore celle de tous les objets qui sont hors de lui; et que conséquemment elle comprend toutes les sciences physiques et morales; puisque, si l'homme ne vit physiquement que par ses rapports avec les objets matériels qui l'environnent,

d'un autre côté sa vie morale est tout entière dans ses relations avec ses semblables
et son Créateur. La nature a voulu que
l'homme pût, par le seul moyen de ses sens
internes et externes, juger et apprécier tous
les objets utiles à sa conservation ; elle a
multiplié le nombre de ces objets, et lui a
donné la faculté de discerner et de choisir
ceux qui peuvent le flatter le plus ; en un
mot l'homme a la faculté de connaître, et
presque toujours celle de s'approprier les
objets qui l'intéressent. Toutes les fois qu'il
veut sortir des bornes que la nature a prescrites à son intelligence, s'élever à des calculs purement métaphysiques, et découvrir
le principe de ses facultés physiques et morales, il n'est plus qu'un audacieux dont l'orgueil veut pénétrer les secrets que la nature
tient cachés dans son sein, et qu'elle ne
nous dérobe que parce qu'ils n'intéressent ni
notre bonheur ni notre conservation.

On a dit qu'Hippocrate avait renfermé la philosophie dans la médecine, et la médecine dans la philosophie; mais on n'a fait qu'un jeu de mots, puisque l'on vient de voir que, la philosophie étant tout entière dans la connaissance de l'homme, c'est-à-dire de son organisation et des facultés tant internes qu'externes, d'où résultent immédiatement ses rapports, ses besoins, ses sensations, ses perceptions, et conséquemment ses passions et son intelligence, il en résulte que la médecine est toute la philosophie.

C'est donc à ceux-là seuls à qui l'amour de la science a donné le courage de chercher dans la mort les secrets de la vie, et dans les cadavres les moyens de prolonger l'existence, et de rétablir la santé de leurs semblables, qui ont découvert sous les organes que la mort a glacés, les innombrables canaux par lesquels la nature faisait

circuler les fluides réparateurs de la vie,
et aliments de l'intelligence, c'est à ceux-
là seuls, dis-je, qu'appartient le double
titre de philosophe et de médecin.

Les Anglais placent la médecine au
nombre des sciences physiques, et ils dé-
signent les médecins par le mot de physiciens, *physicians ;* ils ont raison en ce
sens que l'anatomie qui est la base sur laquelle repose toute la science médicale, est
la connaissance des divers organes qui composent le corps humain, soit dans l'état
normal, soit dans l'état anormal ou pathologique, tandis que la physiologie est celle
de leurs fonctions, de leurs propriétés et
de tous les phénomènes qui peuvent résulter, soit de leurs rapports mutuels, soit de
leurs relations avec les objets extérieurs,
soit enfin des aberrations naturelles ou ac-
cidentelles de ces rapports. L'anatomie est
donc, à proprement parler, l'analyse du

corps humain, tandis que la physiologie en est la synthèse. L'une reconnaît la place et la forme des parties constituantes, l'autre détermine le rôle que chacune d'elles remplit dans l'organisation générale, ou dans les appareils particuliers. Ces deux sciences constitueraient donc toute la médecine, si elle n'en comprenait une troisième qui la distingue de l'art vétérinaire, et c'est la connaissance de l'homme moral, connaissance qui ne peut se perfectionner qu'avec l'anatomie et la physiologie dont on ne peut raisonnablement la considérer que comme une induction importante, et peut-être même comme une conséquence nécessaire.

Je commencerai cet ouvrage par des considérations préliminaires et générales.

J'examinerai ensuite la sensibilité, l'instinct et leurs différents organes, et partout on verra que c'est de la perfection de l'organisation , et de l'action des stimulants tant internes qu'externes que naissent les sensations, le sentiment et l'intelligence, en un mot l'homme physique et l'homme moral.

OBSERVATIONS

PHYSIOLOGIQUES ET PSYCOLOGIQUES

SUR L'HOMME.

~~~~~~

CHAPITRE PREMIER.

———

CONSIDÉRATIONS PRÉLIMINAIRES.

Un examen attentif nous fait voir que l'homme,
ainsi que les animaux qui s'approchent le plus
de lui par leur perfection, est composé de divers
organes auxquels sont confiées les fonctions
principales de la vie. On reconnaît que ces
organes se divisent et se groupent en systèmes ou en appareils distincts, unis par de
nombreux rapports, destinés à remplir un but
commun, et qui tous coordonnés dans leur
opération, sont soumis à un mouvement général, dont le principe constitue la perfection

de l'organisation vivante. Mais, quand on veut remonter à ce principe, on se perd en de vagues conjectures, on renonce bientôt à remonter à la source de ce phénomène étonnant, on se contente d'en admirer les résultats, et l'on se borne à en éclairer les circonstances. Si les mathématiciens n'ont pu donner une définition exacte du centre d'un cercle, s'ils ont été obligés de se borner à dire qu'il est le point où aboutissent tous les rayons partant de la circonférence, ce qui n'est autre chose que donner une idée des rapports de cet être abstrait et indivisible avec la circonférence, et non le définir en lui-même, à plus forte raison sommes-nous forcés, pour expliquer la sensibilité qui est le principe du mouvement général propre à l'organisation vivante, de nous borner à l'appréciation des phénomènes qui en sont les résultats.

Les chimistes ont découvert depuis long-temps que les éléments qui entrent dans la composition des substances organisées, sont très-peu nombreux en comparaison de ceux que l'on rencontre dans la matière brute. Les

quatre principaux éléments des corps organisés sont l'oxigène, l'hydrogène, l'azote et le
carbonne, auxquels on peut joindre la chaux,
la magnésie, le phosphore, le soufre et le fer.
La chaleur, la lumière et le fluide électrique
paraissent aussi nécessaires au plus grand
nombre des substances organisées, s'ils ne le
sont pas à toutes. Mais ces agents généraux de la
nature que l'on trouve unis à toutes les matières
brutes de la manière la plus intime, sont-ils
aussi les agents de l'organisation, sont-ils mis
en action par le principe vital, ou le principe
vital opère-t-il sans leur secours? Si le principe
vital était le seul agent de l'organisation,
s'il n'en employait que comme des intermé-
diaires subordonnés les agents généraux de la
nature, il est certain que les corps organisés
tomberaient en dissolution immédiatement
après avoir perdu la vie : or, comme nous voyons
que le contraire arrive tous les jours et que les
propriétés vitales subsistent encore quelque
temps après la mort, nous devons en conclure
que les éléments organiques et les agents de
l'organisation ne sont rien autre chose que

ceux de la matière brute modifiés par les forces vitales, mais rentrant immédiatement sous l'empire général des lois physiques dès que ces forces les ont abandonnés.

Les molécules élémentaires que j'ai désignées ci-dessus réunies en des proportions et en nombres divers, concourent par la simple loi de l'affinité à former la fibrine, la gélatine et l'albumine, substances qui seulement encroutées de quelques sels terreux ou métalliques composent seules les parties les plus dures et les plus molles du corps animal, ainsi que les fluides qui y portent la nourriture et la vie. Sans doute si quelque chose doit étonner, c'est qu'avec des éléments aussi peu nombreux, régis par une loi simple, la nature soit parvenue à composer un être assez merveilleux pour admirer lui-même le prodige de son organisation.

Je dis que ces substances animales sont composées de molécules réunies par les seules lois de l'affinité chimique. En effet, tous les corps étant soumis à la loi de l'attraction, gravitent vers un centre commun; les ani-

maux eux-mêmes sont soumis aux lois de
la pesanteur et de l'équilibre, toutes les fois
qu'ils n'emploient pas pour s'y soustraire l'é-
nergie vitale qui leur est particulière. Mais
cette loi de l'attraction générale paraît un
moment intervertie lorsque deux substances,
jouissant d'une affinité chimique réciproque, se
rencontrent dans des circonstances favorables.
Leurs molécules se recherchent, se rapprochent; et, au lieu de se précipiter vers le centre
commun, elles courent l'une vers l'autre, et
ce n'est qu'après s'être combinées qu'on les
voit subir de nouveau les lois de la pesanteur
auxquelles elles avaient paru se soustraire un
moment. Une troisième substance peut sur-
venir et détruire la combinaison des deux
premières pour en former une autre avec une
d'elles. Dans cette circonstance encore la loi
de l'attraction générale sera de nouveau intervertie par une affinité qui pourrait paraître
volontaire, et que les chimistes ont nommée
attraction élective. L'aimant fait plus que d'é-
luder la loi de la pesanteur, il la détruit pour
ainsi dire entièrement puisqu'il enlève le fer

fixé sur la terre. Ne pourrait-on pas dire que
la chimie animale et la chimie végétale ne sont
qu'une série sans interruption d'attractions
électives d'où résultent des compositions et des
décompositions continuelles? Et puisque dans
les mêmes circonstances l'union et la séparation des matières brutes ont toujours lieu
d'après le principe général de l'affinité, pourquoi la composition et la décomposition des
substances organisées ne résulteraient-elles
pas du mouvement général, qui les place sans
cesse dans les circonstances favorables à l'affinité?

L'air que je respire, les liquides et les aliments solides qui pénètrent dans mes viscères
ne fourniront au torrent de la circulation que
les substances qui lui conviennent; et parmi
ces substances encore, chacun de mes tissus
ne choisira lui-même que les parties qui lui
sont propres; le reste sera rejeté, ou par les
voies alvines, ou par les autres canaux excrétoires. Ces faits ne sont-ils pas les mêmes que
ceux qui se passent tous les jours et sur la
surface, et dans les entrailles de la terre? Si

les forces vitales varient sans cesse dans leurs résultats, tandis que les lois physiques sont invariables, c'est que les premières, sans cesse soumises aux lois de la chimie vivante, doivent diminuer d'intensité, selon la qualité des éléments que l'affinité assimile pour les maintenir, et selon une infinité de circonstances qui peuvent les troubler dans leurs fonctions.

Ne voit-on pas d'ailleurs que la matière brute contient tous les éléments de la végétation, tandis que celle-ci fournit ceux de l'animalisation? Tous les jours, nous voyons se former spontanément des substances végétales sur des laves sorties des flancs d'un volcan; dans certaines circonstances des animaux naissent immédiatement du mucilage des végétaux; et si ces animaux sont dans le plus grand état d'imperfection, ne s'en forme-t-il pas de plus parfaits dans les résidus des substances animales en putréfaction? En un mot, la terre fournit les molécules de la végétation, et les végétaux fournissent celles de l'animalisation. Ainsi, après leur décomposition, les corps organisés retournent sans cesse à une nouvelle organisation. Ainsi la composition et la décomposition, l'organisation et la désorganisation forment une chaîne immense de phénomènes dont on ne peut distinguer les anneaux, mais qui n'est jamais interrompue. Ainsi la vie est partout, la mort n'est nulle part, ou plutôt dans l'ordre naturel des choses, la mort n'est que le passage d'un mode d'organisation à un autre mode.

Les molécules que j'ai désignées ci-dessus, se rencontrant dans de certaines circonstances et dans de certaines proportions forment ces substances animales que nous connaissons sous les noms d'albumine, de gélatine et de fibrine, et qui disposées en différentes espèces de tissus composent les organes et les appareils qui constituent tous les corps animés. J'entends ici par organes avec le savant et justement célèbre docteur, à qui nous devons la nouvelle doctrine physiologique, « toute portion de matière » animale fixe, conformée de manière à pou- » voir remplir au moins un des actes qui con- » courent manifestement à l'entretien de la

» vie; et j'entends par appareil plusieurs or-
». ganes réunis et associés pour concourir à un
» but commun. »

Quelles que soient les fonctions d'un appareil
soit que sous le nom de viscéral ou de vasculaire ou de nerveux, il serve à l'exécution des
actes les plus importants de la vie intérieure,
soit que sous le nom de séreux, il serve seulement à faciliter les mouvements des viscères
contenus dans les trois cavités, soit que sous
le nom de synovial, il favorise les mouvements
des articulations; soit enfin que sous les noms
de musculaire, d'osseux, de cartilagineux, de
tendineux, il ait pour but principal l'exécution des mouvements extérieurs de la vie, et
qu'il soit soumis sous ce rapport aux lois de
l'organe encéphalique; toujours il se compose
de parties dans lesquelles on trouve ou de l'albumine, ou de la gélatine, ou de la fibrine,
et où ces trois substances principales de la
matière animale, existent seules combinées
en diverses proportions, ou plus ou moins
encroutées de sels terreux. Mais ces substances fondamentales, quoique simplement

3.

unies par les lois de l'attraction élective, outre
les propriétés de s'assimiler dans le torrent de
la circulation des fluides les éléments qui leur
conviennent, propriétés qu'elles conservent
toujours, acquièrent une faculté nouvelle qui
résulte de la manière dont elles sont unies, et
que les physiologistes modernes ont désignée
par l'expression de contractilité.

§ I.

De la Contractilité.

La contractilité n'est pas, comme on l'a prétendu particulière aux corps organisés : les
métaux sont susceptibles de se contracter; la
présence ou la soustraction du calorique écarte
ou rapproche leurs molécules, allonge ou ra-
courcit leurs fibres. Quand d'ailleurs cette propriété serait particulière aux corps organisés,
les phénomènes qui en résultent, n'en seraient
pas moins une conséquence indirecte des lois
générales qui régissent toute la matière, et
auxquelles aucune substance quelle qu'elle soit
ne peut jamais se soustraire entièrement. La

contractilité et l'affinité sont des propriétés absolument passives qui ne produiraient aucun
effet sur la substance qui les possède; sans la
présence d'un agent étranger qui, les mettant
en action, produit ou la contraction d'une
substance par l'autre ou la réunion des deux
substances en une seule, phénomènes qui,
comme on va le voir, se présentent quelquefois en même temps, et sont l'un et l'autre le résultat d'une cause unique dans les êtres organisés, et surtout dans les animaux dont il s'agit plus
particulièrement ici. La contractilité est mise
en action, ou par les stimulants extérieurs au
milieu desquels l'homme vit, ou par les fluides
qui, entraînés avec plus ou moins de rapidité
dans le torrent de la circulation, parcourent
son corps pour alimenter les solides qui le
constituent. Comme le torrent de la circulation n'est jamais arrêté dans son cours qu'au
moment même où l'homme rentre dans la
masse générale de la matière inanimée, sa vie
intérieure n'est autre chose qu'une contraction continuelle de toutes les parties qui entrent dans sa construction, puisqu'il n'en est

pas une qui cesse un seul moment d'être en contact avec un stimulant intérieur ou extérieur : or, comme la contraction suppose la sensibilité , et puisque, comme le dit avec raison le docteur *Broussais*, il est vrai que le sens de ces deux mots contraction et sensibilité se réduit à ce qui suit : « La fibre s'est » contractée parce qu'une cause l'y a déterminée; il est clair que la première de ces deux » propriétés rentre dans la dernière : en effet, » si la sensibilité de la fibre n'est démontrée » que par sa contraction ; dire qu'elle est sensible, c'est dire qu'elle a été contractée ». Mais une chose singulière, et qui paraît impliquer contradiction avec cette vérité incontestable, c'est que des trois substances animales qui entrent dans la composition du corps humain, la plus éminemment sensible est cependant la moins contractile. Avant d'expliquer cette contradiction apparente, et d'en tirer une preuve même en faveur de l'observation du docteur Broussais, examinons d'abord comment se forment les trois substances fondamentales des êtres animés.

Le mouvement est le principe de l'ordre ; c'est par lui que la matière acquiert des formes constantes et régulières, d'après lesquelles les différentes parties agissent et réagissent les unes sur les autres, d'après les lois déduites de leur affinité, de leurs figures, de leur poids et de leur situation. Le mouvement peut commencer dans le désordre, mais il l'a bientôt fait cesser, parce que son essence est d'attirer tout ce qui le favorise, et de repousser tout ce qui lui fait obstacle. Il faut qu'il soit le vainqueur des résistances qu'il rencontre, ou qu'il cesse. Ces idées ne sont point des hypothèses; mais elles reposent sur des faits incontestables que l'expérience met tous les jours en évidence. Si vous imprimez à un amas confus de graines de toute espèce un mouvement de rotation, bientôt elles formeront, selon leurs formes extérieures et leurs pesanteur spécifique, autant de cercles concentriques, parfaitement distincts, qu'il y aura d'espèces différentes par leurs figures, leur dimension et leur densité. C'est d'après ce principe que, dans les campagnes, on construit les cribles dont on se

sert journellement pour le treillage des grains.
Placez sur une glace un certain nombre de
grains de sable, et faites-en un tas ; passez sur
un des bords de la glace un archet frotté de
résine, vous verrez bientôt le monceau de
sable, sollicité par le mouvement imprimé à
la glace, se décomposer et se disperser sur la
surface de cette glace, d'abord en autant de
lignes qu'il y avait de grains différents. Ces
lignes se réuniront ensuite en autant de petits
tas particuliers qui, si l'on continue le mouvement de l'archet, finiront par former entre
eux une infinité de figures différentes, selon
l'activité et l'énergie de ce mouvement. Le
premier de ces faits est connu de tout le
monde ; le second vient d'être observé dernièrement par le docteur Savar, aussi profond
en physique qu'en médecine.

Cabanis remarque que « si toute matière
» était parfaitement et constamment homo-
» gène, c'est-à-dire si toutes ces parties n'a-
» vaient qu'une seule propriété et ne pou-
» vaient en acquérir aucune autre par le
» mouvement, il ne s'établirait entre ces di-

» verses parties que des rapports purement
» mécaniques ou de situation », comme cela
arrive dans les deux exemples que je viens de
citer. Mais, ajoute ce même philosophe, « si,
» au contraire, la matière est douée de
» plusieurs propriétés différentes; si de plus
» elle est susceptible d'en acquérir un grand
» nombre, par l'effet des combinaisons pos-
» térieures que le mouvement doit toujours
» amener ; de là naîtront nécessairement des
» phénomènes aussi réguliers qu'innombra-
» bles, et la nature du mouvement ou des
» mouvements, ainsi que les propriétés de la
» matière elle-même, étant une fois déter-
» minée, on voit clairement que tous les
» phénomènes doivent être produits et s'en-
» chaîner dans un certain ordre par une né-
» cessité non moins puissante que celle qui
» force un corps grave à suivre les lois de la
» pesanteur. »

L'ordre, qui suppose toujours unité d'impulsion, est donc indispensable à la matière
en mouvement, et le mouvement, de son
côté, supposant toujours l'ordre et consé-

quemment l'unité d'impulsion , est une propriété essentielle de la matière, et sans laquelle
tout serait dans le cahos.

Les physiologistes qui ont calculé les forces
vitales , d'après les lois de la mécanique , sont
tombés dans des erreurs graves et inévitables ,
aussi bien que les mathématiciens qui ont
voulu réduire la dynamique à une seule for-
mule. Mais ceux qui, au contraire , ont écarté
de la physiologie toutes les lois de la chimie et
de la physique , ont été trop exclusifs , et quand
ils ont voulu rendre compte des phénomènes
les plus importants de la vie, ils ont été obligés
de recourir à des abstractions qui ne pouvaient
les conduire qu'à d'autres abstractions. Par
exemple, quand bien même toute la circulation
serait soumise à l'énergie musculaire du cœur,
il faudrait encore pouvoir se rendre compte des
résistances que le sang éprouve lorsqu'il passe
dans les rameaux et les ramuscules artériels, et
connaître la force exacte du premier moteur,
ainsi que la valeur de ces résistances , pour
déterminer d'une manière exacte la vitesse de
cette humeur ; or comme cette force et cette va-

leur peuvent varier et varient en effet à chaque
instant de la vie, il est impossible d'en déterminer les produits. Cependant si on réduit le
principe vital au sens que présente ce mot pris
d'une manière absolue, et qu'on fasse abstraction des forces motrices, on sent qu'il sera
impossible de se rendre compte des mouvements de la vie, et tout en convenant qu'on
ne peut pas les calculer , on ne peut s'empêcher de reconnaître qu'ils dépendent de
certains principes mécaniques que nous con-
noissons, mais dont il n'est pas donné à notre
foible intelligence de calculer les effets , ni
même de faire une exacte application. On serait
sûr de se tromper si on voulait calculer la force
musculaire d'après celle des fibres, ou seulement d'après l'énergie de la volonté qui détermine la contraction; puisque l'une et l'autre
étant absolument les mêmes , leur résultat
varie dans un grand nombre de circonstances:
et cependant il est vrai qu'on ne peut se rendre
compte des mouvements si l'on fait abstraction de la force des fibres. Mais pour assurer
qu'un produit résulte du mouvement de telle

machine opéré par telle force motrice, est-il nécessaire de connaître exactement la force et la vitesse de l'une et de l'autre? non sans doute. Ainsi sans nous embarrasser des forces vitales qui sont trop variables pour ne pas échapper au calcul, nous pouvons assurer que tous les phénomènes de la vie sont le produit du mouvement de nos organes. Et quoique les phénomènes physiques et les phénomènes moraux soient essentiellement différents, il n'est pas nécessaire de les attribuer à deux causes distinctes. En effet, comme on le sait, la force étant la même, il suffit que le mécanisme change pour qu'il résulte de son mouvement des opérations diverses. Ainsi, quoique très-différents, ces phénomènes sont l'effet du même principe agissant sur d'autres organes; or ce principe est la sensibilité, sans laquelle il n'y a point de mouvement, et conséquemment point de vie ni physique ni morale.

Maintenant si l'on considère que la sensibilité n'est autre chose que la contractilité mise en action par un stimulant soit interne soit externe, on en conclura que la stimulation est le principe radical de tous les phénomènes de la vie ; que, comme ce principe, sujet à des variations infinies, agit d'ailleurs sur des organes très-différents, il n'est jamais possible que ces phénomènes aient entre eux une exacte ressemblance (1). Un coup-d'œil sur la manière

---

(1) Quand on connaît une masse, on ne peut calculer la force nécessaire pour la mettre en mouvement, sur un plan horizontal qu'en tenant compte des frottements qu'elle peut éprouver ; mais si elle est en équilibre et qu'on veuille en précipiter la chute, le moindre effort suffira pour cela, puisque l'équilibre parfait n'est autre chose qu'une disposition prochaine au mouvement. Mais lorsque la masse a commencé à tomber verticalement, si on veut lui donner une autre direction, la force requise pour cela devra être d'autant plus grande que cette direction s'éloignera davantage de la première ; encore ne sera-t-on jamais sûr de pouvoir déterminer ni cette force ni cette direction : et cette appréciation deviendra impossible, si la masse dans l'espace qu'elle a parcouru a reçu des impulsions, et rencontre des obstacles qui auront tantôt ralenti, tantôt augmenté son mouvement, dirigé sa marche tantôt dans un sens, tantôt dans un autre. Telle est l'image de la vie, c'est une suite continuelle d'impulsions et de répulsions, d'action et de réaction,

dont la vie se développe chez l'homme suffira
pour mettre en évidence ce que j'avance ici.

§ II.

Idées générales sur le développement de la vie.

SANS admettre la préexistence des germes,
on peut supposer raisonnablement que les
premiers élémens propres à déterminer les
formes des substances animales existent dans
les ovaires avant la conception, et on les trouve
dans des vésicules lymphatiques que plusieurs
physiologistes ont considérés comme de véritables œufs. Au moment de la conception, le
col de la matrice se dilate pour donner passage à la matière prolifique, celle-ci va frapper
l'ovaire qui se contracte. L'effet de cette contraction est d'ébranler une de ces vésicules
qui se détache pour enfiler le tuyau de la

---

qui étant par elles-mêmes inappréciables, échappent à
tous les calculs d'autant plus sûrement qu'elles agissent
sur des substances dont on ne peut connaître ni la force
ni la résistance.

trompe faloppe dont les franges en se redressant
entourent une partie de la surface de l'ovaire,
ou du moins pour verser dans ce tuyau la liqueur qu'elle renferme dans sa cavité. Ainsi
commence le fœtus, mais il ne faut pas croire
que sa vie soit uniquement l'ouvrage de cet instant indivisible où la nature met en mouvement les matériaux qui doivent le former, et
les fait passer par des évolutions régulières
dans l'utérus. Cet organe dont la sensibilité et
l'influence sympathique sur les autres organes
de la femme, se sont manifestées lors de la puberté par des signes non équivoques, tels que
l'apparition des règles, la turgescence des
glandes mamaires et du tissu cellulaire qui les
environne, l'éclat plus vif des yeux, le caractère plus expressif, mais plus réservé du regard;
cet organe, dis-je, dont l'impulsion générale
est si remarquable, devient depuis le moment
de la conception jusqu'à celui de l'accouchement le centre de toutes les sympathies. Il est
le point de réunion des impression diversess
les plus vives, le terme commun vers lequel
surtout alors se dirige l'action de la sensibilité

générale, et le point où vont aboutir les efforts et l'influence des organes particuliers. Le but de tous les mouvements qui s'exécutent alors est de fomenter la vie naissante de l'embryon, et de la lui imprégner chaque jour de plus en plus par une véritable incubation intérieure. Les mouvements du fœtus ne sont dans le principe que les résultats d'une impulsion extérieure à lui. Il ne vit point de sa vie propre; mais de la vie de la mère. Sa présence toutefois augmente l'action vivifiante de la matric en la sollicitant et en la faisant entrer incessamment en action : mais il faut qu'il en suive et qu'il en partage toutes les affections et tous les mouvements.

D'abord le fœtus ne présente qu'un fluide homogène en apparence, où le mouvement rapproche les molécules propres à former les substances animales, les met en contact et produit par la simple loi de l'affinité un véritable mucus qui devient une espèce de glu où le tissu cellulaire ne tarde pas à se manifester. Ce tissu d'abord extrêmement transparent est composé de lames extrêmement fines et ne

peut par cette raison être distingué de l'humeur que contiennent ses cellules, ce qui fait
qu'on le prendrait d'abord pour une substance
inorganique. Cette humeur paraît être d'abord
exclusivement albumineuse et gélatineuse.
Mais bientôt au milieu de cette masse en apparence homogène, on voit se dessiner les
parenchymes des organes, que viennent pénétrer les substances nutritives qui leur sont
propres, et qui avant cette pénétration res-
semblaient parfaitement à l'humeur dont ils
se distinguent alors, et au tissu cellulaire qui
en remplit les intervalles. Alors par les lois de
l'affinité les molécules propres à déterminer
les formes principales des substances animales
se sont rapprochées (1). Alors le fœtus com-

---

(1) Pour prouver que la loi de l'affinité suffit pour
déterminer la formation de la matière vivante, n'avons-
nous pas l'exemple des animaux microscopiques qui se
forment spontanément dans le vinaigre, dans le mucilage animal, dans les intestins, sur la peau même des
animaux ou dans leurs excréments. Ne voyous-nous pas
d'ailleurs tous les jours, 1°, que quand la gélatine et la

mence à prendre des formes plus consistantes, et la contractilité vient au secours de l'affinité pour completter la vie.

Dans ces premiers temps de la formation des organes, l'estomac et les autres viscères qui doivent concourir à la digestion des aliments, paroissent réduits à l'inaction la plus complette; ou du moins, ils ne paroissent jouir que de la faculté passive de s'assimiler

---

fibrine se rencontrent hors du torrent de la circulation qui les tient séparées et distinctes, celle-ci douée d'un caractère d'animalisation plus avancé que celle-là, la saisit et l'entraîne, pour ainsi dire, dans sa sphère d'activité et lui communiquant une partie de sa tendance à la concrétion, l'organise en membrane? 2°, dans les épanchements muqueux qui se forment dans le cours des maladies inflammatoires, ne voit-on pas la gélatine et la fibrine s'organiser en membranes qui ne tardent pas à recevoir des vaisseaux, des nerfs, en un mot une vie particulière? 3°, enfin n'est-ce pas ainsi que s'explique la formation des kystes qui tirent tous leur origine du tissu cellulaire, et puisque la loi de l'affinité suffit pour donner origine à celui-ci ; si à cette loi on joint l'attribut de la contractilité, ne peut-on pas sans autre moyen rendre compte de la formation des animaux ?

les substances que leur fournissent la veine ombilicale, et le sang, qui amené vers le cœur, va de là se distribuer dans toutes les parties, et y porter les principes de leur développement et les matériaux de toutes les sécrétions; le surplus où le résidu de ce fluide nourricier revient au placenta par le canal des deux artères correspondantes qui remplissent en quelque sorte les fonctions d'artères pulmonaires; car c'est dans cette masse spongieuse que le sang, après avoir parcouru le cercle entier de la circulation, reprend, en se mêlant avec celui de la mère, une portion d'oxigène et les qualités sans lesquelles il ne saurait servir à la nutrition.

Il est facile de sentir que, dans l'homme et les animaux qui s'approchent le plus de lui par leur perfection, la formation du cœur et du cerveau doivent précéder celle de tous les autres organes. En effet, le cerveau est déjà dans la plus grande activité lorsque les viscères dorment encore et paroissent ensevelis dans le sommeil le plus profond. C'est seulement

4.

lorsque la moëlle épinière ; la moëlle allongée
et le cerveau, qui sont les racines du système
nerveux, et le cœur, d'où sortent toutes les
artères et où viennent se rendre toutes les
veines, ont commencé à se développer, que
l'on peut dire que le fœtus jouit d'une existence qui lui est propre, et qu'il se développe
en lui des mouvements soumis à une impulsion intérieure.

Je n'examinerai point si le cœur est formé
avant le cerveau, ou si celui - ci est formé
avant le cœur, tout semble prouver que l'un
et l'autre se forment au même moment. Car
aussitôt que le point rouge et pulsatif, qui
marque le premier linéament du cœur, commence à se montrer, on distingue à côté de
lui un filament blanchâtre dont le développement produit tout l'appareil nerveux. Si d'un
côté le cœur préside à la circulation générale,
et pousse dans toutes les parties le sang d'où
elles tirent les matériaux nécessaires à leur
nutrition et à leur accroissement, d'un autre
côté, le cerveau préside au mouvement gé-

néral qui régularise et développe la vie en proportion des besoins de l'animal (1).

Les organes de la digestion sont, comme je l'ai déjà dit, dans un repos presque absolu ; ils se développent cependant dans cet état d'immobilité ; mais leurs fonctions sont nulles, parce que le sang arrive au cœur tout préparé par la mère. L'organe respiratoire est aussi inactif, parce qu'il est encore inutile à la circulation, qui opère seule la nutrition. Cependant cette fonction se fait avec une rapidité étonnante, parce que l'exhalation, et la sécrétion étant dans une inactivité presque complette, le fœtus s'assimile tout ce qui lui est fourni par sa mère, et ne rend rien au dehors par les voies de la disassimilation ; comme il reçoit tout et ne rend rien, il ne

---

(1) Comme il est évident d'après les expériences de le Gallois, que la force musculaire du cœur, reçoit sa principale impulsion de la moëlle épinière par l'intermédiaire du grand sympathique ; il est très-vraisemblable que ce centre nerveux existe avant le cœur, car à quoi servirait le mobile sans le moteur ?

faut pas s'étonner du rapide accroissement qu'il prend dans le sein maternel.

Cependant, comme l'observe l'illustre Cabanis, « lorsque le terme de la gestation ap-
» proche, l'estomac et les intestins présentent
» déjà des traces d'excitations; et reçoivent,
» dans leurs cavités, des fluides gélatineux
» apportés par les vaisseaux, filtrés par les
» follicules, ou simplement extraits des eaux
» de l'amnios, que rien ne paraît empêcher
» d'entrer librement dans la bouche, d'enfiler
» le canal de l'œsophage. En même temps le
» foie commence à préparer une bile, im-
» parfaite il est vrai, mais déjà stimulante; la
» rate, à se mettre en rapport avec lui : le
» pancréas et les autres glandes sécrétoires, à
» verser leurs sucs. Excités par la présence de
» ces diverses humeurs, l'estomac et les in-
» testins ébauchent des simulacres de diges-
» tion dont les résidus, lentement accumulés,
» forment cette matière noirâtre et tenace
» dont les enfans nouveau-nés ont le canal
» alimentaire plus ou moins farci, et dont le
» mouvement du diaphragme, mis en jeu

» par la respiration , suffit quelquefois pour
» les débarrasser. » Tel est , en général , le
mode de nutrition et de développemeut du
fœtus, jusqu'au moment de sa naissance. On
voit que déjà la contractilité , et par conséquent la sensibilité propres aux organes viscéraux ont été mises en jeu , puisque , si tous
n'ont pas exercé des fonctions , tous ont pris
de l'accroissement en s'assimilant les matériaux
du sang pour lesquels ils avaient une affinité
plus particulière.

Mais ces fonctions, ces mouvements, l'impulsion du cœur les a-t-elle seule déterminés,
ou le cœur lui-même n'a-t-il pas reçu l'impulsion du centre nerveux , ou enfin chaque système a-t-il un mouvement particulier dont il
est lui-même le centre? c'est de cette dernière
manière que les fonctions doivent s'exécuter
selon Bichat, qui a divisé la vie en deux parties
distinctes, l'une appelée vie animale, et l'autre
vie organique; le cerveau selon ce physiologiste
a sous sa dépendance toutes les fonctions
de la première, et le cœur toutes celles de la
seconde. Mais, d'après cette division qui a

conduit son auteur à des considérations de
la plus haute importance, il paraîtrait que
la nature a créé les parties indépendamment du tout, tandis qu'il est bien évident
qu'elle organise toujours chaque partie pour
le tout ; il faudrait donc regarder cette division de Bichat comme un moyen ingé-
nieux, imaginé par lui pour classer en deux
ordres distincts les phénomènes qui sont plus
particuliers à l'une de ces deux vies qu'à l'autre, plutôt que pour les faire considérer comme
indépendants les uns des autres. Ce qui prouve
cependant qu'il a voulu les faire considérer ainsi, c'est qu'il a imaginé deux sortes de sensibilité et de contractilité, savoir la sensibilité et la
contractilité animales, la sensibilité et la contractilité organiques, et qu'il a encore subdi-
visé la contractilité organique en sensible et
insensible, division absolument arbitraire ,
puisqu'elle n'est fondée que sur une différence
de phénomènes qui prouve seulement la différence des organes qui les produisent , et
non de celle du mode d'action exercée sur ces
organes. En effet il est évident, comme je l'ai

déjà dit, qu'un mécanisme étant toujours le même donnera toujours les mêmes produits, quelle que soit la force qui le mette en mouvement, tandis que la même force agissant sur deux mécanismes différents ne produira pas des résultats semblables. En réduisant donc, comme j'ai déjà démontré que cela devait être, la contractilité et la sensibilité à une seule et même chose qui est la contraction ou la contractilité, propriété de la matière animale mise en action par une impulsion soit interne soit externe, il en résultera que les deux vies dont parle Bichat, ne diffèrent que par leurs phénomènes et non par la force vitale qui les produit, force qui est toujours la même, ou du moins qui ne diffère que par plus ou moins d'intensité.

Nous savons que les fonctions de la vie animale, c'est-à-dire celle des organes de rapport, des organes vocaux et des organes cérébraux, sont nulles chez le fœtus, mais il n'en faut pas plus conclure que l'impulsion de l'appareil cérébral est inutile au mouvement qui opère la nutrition, qu'on n'en conclurait que celle du cœur est inutile à la circulation parce que plusieurs viscères n'entrent en exercice qu'après la naissance.

Nous remarquons d'abord que le cerveau présente chez le fœtus un volume considérable, qu'il a même, comme l'a dit Bichat, un excès de grandeur monstrueux quand on la compare à celle des âges suivants : et l'on veut que ses deux grandes fonctions soient presque nulles, relativement au sentiment et au mouvement, et que la nature ait mis une si grande quantité de substance dans une organe encore inutile à la vie, et dont les facultés ne se développeront entièrement qu'après l'existence, tandis qu'elle n'aura accordé qu'un foible développement, à l'organe respiratoire qui devra exercer des fonctions très-importantes au moment même où l'enfant sortira du sein de sa mère.

Certes, il faut le croire, quand même le centre nerveux dans le fœtus serait encore absolument étranger au sentiment, il n'en exercerait pas moins, et par sa propre action, et par celle des nerfs dont il est la racine, des fonctions organiques non moins importantes, je ne dis pas seulement à la nutrition, mais au mouvement des autres parties et du cœur lui-même, que celle que celui-ci exerce sur la circulation.

Si la substance cérébrale est peu contractile, si même elle est peu sensible par sa nature, c'est par cette raison même qu'elle renvoie immédiatement vers les divers systèmes les impressions qu'elle en reçoit, et qu'elle ne peut être excitée sans réagir avec une force égale à l'action ; et voilà pourquoi elle est chez le fœtus la régulatrice de tous les mouvements qui tendent au développement des organes. Voilà pourquoi après la naissance elle devient le centre de toutes les impressions tant intérieures qu'extérieures, pourquoi elle est le principe de toutes les facultés intellectuelles.

Certainement dans le fœtus les mouvements du cerveau sont moins évidents que ceux du cœur ; ils le sont moins dans tous les âges, et c'est peut-être par cette raison qu'ils sont les régulateurs de tous ceux qui se passent dans le reste de la machine humaine. Tour-à-tour passif et actif, soumis sous le premier rapport à la seule influence des appareils intérieurs, absolument étranger à toute autre stimulation, le cerveau ne réagit sous le second que sur ses appareils. C'est par lui et par lui seul que le sang qui parvient élaboré par la mère dans l'appareil circulatoire porte aux artères la fibrine qui entre dans la constitution de leurs parois, tandis qu'il ne distribue aux veines que de la gélatine. C'est par lui que la fibrine se dirige plus particulièrement vers les muscles, et y imprime déjà avant la naissance les traces de cette énergie qui doit les distinguer, et les rendre dans la suite les principaux instruments de la puissance de l'homme, c'est par lui enfin que les sels terreux vont encrouter les parenchymes osseux, tandis que la gélatine seule se mêle au mucus des cartilages et des tendons, et rend les premiers si propres à favoriser les mouvements par le poli de leurs surfaces, et les seconds si propres à soutenir et à seconder par leur densité la force et l'énergie des fibres musculaires. Le cerveau agit dans toutes ces opérations par le moyen des nerfs qui en sont des appendices directs. Et si l'on

voulait contester cette vérité que les phénomènes de la vie mettent en évidence tous les
jours, il faudrait nier cet axiome fondamental, toujours adopté par les médecins, depuis
Hippocrate jusqu'à nos jours, *ubi stimulus
ibi fluxus*, ce qui veut dire que le sang suit
toujours l'impression qui lui est donnée par
les nerfs.

On pourra peut-être trouver ces considérations générales et préliminaires vagues et su-
perflues ; mais on verra dans la suite combien
elles jetteront de lumière sur la physiologie
des passions qui font le principal objet de cet
ouvrage, et qui ont une si grande influence sur
le bonheur et la santé de l'espèce humaine , que
leurs excès ne troublent que trop souvent.

Comme toutes les fois que l'on veut raison-
ner sur des phénomènes, il est important, sinon d'en connaître le principe, du moins d'a-
voir quelques notions du mécanisme qui les
produit, j'ai cru devoir, avant de parler de ces
passions qui sont les phénomènes constants
de la vie, rechercher, sinon quel est le principe de cette vie, du moins quelles sont les

substances principales des corps vivants, et quels sont les modes de leur organisation.

L'oxigène, l'hydrogène, l'azote et le carbonne, combinés selon les circonstances dans lesquelles ils se rencontrent, dans des proportions différentes par la loi de leur affinité réciproque, constituent d'après ces circonstances et ces proportions, les trois formes principales du corps humain qui sont l'albumine, la gélatine et la fibrine. Ces trois substances sont plus ou moins contractiles. C'est en vertu de cette contractilité que dans le torrent de la circulation où se rencontrent toujours les élémens qui les composent, elles s'approprient ceux qui leur conviennent; cette contractilité n'est qu'une propriété qui mise en action par un agent, soit interne, soit externe, devient contraction et produit des actes qui sont à-la-fois l'aliment et le résultat du mouvement vital dont l'appareil cérébral (1) est le centre et le régulateur.

_____

(1) J'entends par appareil cérébral, non seulement le cerveau, mais encore la moëlle alongée et la moëlle épinière.

§. III.

De la Vie au moment de la Naissance.

QUOIQUE la contractilité soit une propriété essentielle à toutes les substances vivantes, cependant elle ne leur appartient pas exclusivement, puisqu'elle subsiste après la mort dans la plupart des tissus animalisés. Cette propriété, étant d'ailleurs essentiellement passive, ne dénote son existence que lorsqu'elle est mise en action par un stimulant quel qu'il soit; elle devient alors, comme je l'ai déjà dit, contraction, et, sous ce rapport, elle est la même chose que la sensibilité. Mais celle-ci n'est encore, comme la contractilité, qu'une propriété purement passive du tissu vivant, et puisque, comme la contractilité, elle subsiste après la mort de ce tissu, elle n'appartient pas plus exclusivement à la vie que la contractilité; mais il n'en est pas de même de la sensation, sans laquelle il n'y a pas de vie, et qui est la première, la plus importante et la seule exclusive des facultés

qui appartiennent à l'animal ; je dis même
qu'elle est à la fois productrice et génératrice
de tous les mouvements volontaires et automatiques qui distinguent la vie de la mort.
C'est en un mot la faculté qui transmet, par
l'intermédiaire des nerfs, les impressions reçues par nos organes internes ou externes, et
les porte jusqu'au cerveau, qui les réfléchit
sur les muscles viscéraux, vocaux ou lacomo-
teurs, et détermine tous les mouvements et
tous les sentiments.

La contractilité, mise en action par un stimulant, se transforme en sensibilité, qui, à
son tour, transformée en sensation, dénonce
la présence de ce stimulant au cerveau, celui-ci
donne aux organes qu'il tient sous sa dépendance, un mouvement analogue à l'impression
qu'il a reçue. Ainsi, le complément de la vie
physique de l'homme, c'est la sensation, qui,
de son côté, suppose non - seulement l'existence du cerveau, mais encore l'attention
que lui prête celui-ci, attention sans laquelle
nulle sensation n'existerait pour le centre cérébral, et sans laquelle parconséquent il n'y

aurait point de mouvement volontaire : ainsi, comme la sensation est le complément de la vie physique de l'homme, l'attention est le commencement de sa vie morale.

La vie physique de l'homme est-elle complette chez le fœtus ? Cette question, d'après ce que je viens de dire, se réduit à celle-ci : le centre cérébral du fœtus reçoit-il des sensations ? Il est certain, comme je l'ai déjà dit, que ses organes se nourrissent et se développent ; et comme ils ne peuvent le faire qu'en vertu de la sensibilité qui leur est propre, il est certain que chacun d'eux jouit évidemment de cette sensibilité particulière, en vertu de laquelle il se contracte pour recevoir et conserver les substances qui lui conviennent et repousser celles qui ne lui conviennent pas.

L'expérience nous démontre tous les jours que les impulsions extérieures, auxquelles nous sommes habitués, à moins qu'elles ne changent d'intensité, n'excitent plus que faiblement notre sensibilité, et que les sensations qu'elles produisent sur nous ne sont plus capables d'exciter, comme elles l'ont

fait lorsqu'elles étaient nouvelles, l'attention du centre cérébral, et de produire, dans
nos organes, ces mouvements prompts qui
démontrent la conscience pénible ou agréable
de notre existence, c'est-à-dire l'émotion *du
moi*; et cependant ces sensations n'en existent
pas moins, le cerveau n'en dirige pas moins
tous nos mouvements, mais il les dirige ma-
chinalement et comme par habitude, et sans
y prêter une attention très-active. On pourrait
même dire qu'il est des circonstances où cette
première faculté de notre moi, n'est plus
qu'une simple propriété.

Environné des eaux de l'amnios, plongé
dans une température presque toujours égale,
l'habitude doit émousser, pour le fœtus, les
impressions de ce fluide; s'il rencontre quelquefois, dans ses mouvements, les parois de la
matrice, si même il en est quelquefois pressé
étroitement, il ne peut en résulter pour lui
aucune sensation qui dirige l'attention de son
cerveau sur l'existence d'un corps extérieur,
et qui, le forçant à placer hors de lui la cause
des mouvements qu'il éprouve, lui donne une

idée distincte du moi : ses modifications sont donc toutes intérieures ; mais comme elles lui sont identiques, il n'en soupçonne pas l'existence, et elles dirigent les mouvements du cerveau sans que celui-ci puisse en avoir la moindre conscience. Tel est le sentiment de Bichat, tel est celui de tous les physiologistes. Cependant le fœtus, avant de sortir du sein maternel, a déjà exécuté des mouvements de ses muscles, qui paraissent dirigés par un sentiment de mal aise, et par un désir de changer de position, et par conséquent par l'impulsion volontaire du centre cérébral. Bichat regarde ces mouvements comme un effet purement sympathique et qui a son principe dans la vie organique et dans une volonté préexistante.

Cabanis croit, au contraire, que le fœtus, ayant déjà reçu, lorsqu'il approche du terme de sa réclusion, les premières impressions dont se compose l'idée de la résistance, doit avoir le sentiment du mouvement : sentiment qui, comme le dit M. de Tracy, tenant à celui de la volonté qui l'exécute, ou qui s'ef-

5.

force de l'exécuter, prouve évidemment la conscience du moi. Il ne m'est pas permis de placer mon opinion entre celle de ces deux grands observateurs ; mais, que le fœtus ait ou non éprouvé des sensations, il n'en est pas moins vrai que son poulmon a pris un certain développement, que la quantité d'oxigène qui lui vient de la mère, avec le sang de la veine ombilicale, ne lui suffisant plus, il lui faut de l'air, il le cherche avec l'avidité du besoin ; et c'est ce qui le force à se précipiter vers le col de la matrice, dont les fibres se peuvent prêter davantage, et où les extrémités des vaisseaux abouchés avec les radicules du placenta, se trouvent dans un état particulier qui, joint aux autres causes, détermine l'accouchement.

§. IV.

De l'Enfance.

QUOIQU'IL soit évident que le fœtus exerce des mouvements dans le ventre de sa mère, il ne faut les considérer que comme le prélude des actes de la vie animale dont il ne commencera à jouir qu'après sa naissance. Chez lui le cerveau et les nerfs qui en dépendent ont déjà reçu tout leur développement, le tact, la vue, l'ouïe, l'odorat, tous ses sens en un mot sont complettement organisés; mais ils dorment encore d'un sommeil profond, et ils n'entreront en exercice que lorsqu'après sa naissance ses besoins les lui rendront nécessaires. Cependant toutes les fonctions de sa nutrition s'accomplissent avec une activité réglée par la sympathie mutuelle du cerveau et des viscères.

Mais enfin le fœtus sort de la prison étroite où il s'est développé, loin du bruit et de la lumière; et des cris perçants annoncent son entrée dans le monde. Ces cris sont-ils le signe de la douleur qu'il éprouve en passant de la température des eaux de l'amnios où il avait végété, dans celle de l'air atmosphérique au milieu duquel et par lequel il va vivre? Est-ce l'effet de l'ingestion de cet air dans le poumon, de l'entier développement de cet organe, et du nouveau mode qui s'établit dans la circulation, et dans l'action générale de l'appareil

circulatoire? Il faut, sans doute, les attribuer
à la première cause, puisqu'ils sont particuliers à l'homme. Naissant nud il doit être plus
sensible au contact de l'air que les petits des
mammifères qui sortent des entrailles de leur
mère couverts de poils, et auxquels ces cris
sont étrangers, quoiqu'ils éprouvent les
mêmes changements que l'homme dans l'appareil circulatoire. Ainsi la première sensation
de l'homme est une sensation pénible; mais
le cri qui en est le signe annonce-t-il que
l'enfant qui l'éprouve en ait la conscience?
non, sans doute. Ce cri est involontaire, il
est dû à l'instinct qui porte le petit canard à
se diriger vers l'eau, le poulet à becquetter le
grain, etc.; mais il prouve que chez lui les
muscles du larinx sont déjà très-développés,
et il exécutera encore d'autres mouvements
bien plus compliqués, tels que ceux de la succion sans les avoir appris, et sans les avoir es-
sayés, et avec une perfection qui a excité l'é-
tonnement d'Hippocrate, au point de lui faire
dire que le fœtus avait déjà sucé les eaux de
l'amnios dans le sein de sa mère, ce qui, comme

l'observe Cabanis, ne fesait que reculer la difficulté, sans cependant que l'on pût dire qu'il eût encore conscience de soi-même(1). L'enfant agit comme s'il avait cette conscience ; mais certainement il ne l'a pas ; car le sentiment de notre propre existence, exige de la part de l'entendement des opérations dont l'enfant est encore loin d'être capable. Mais écoutons ce que *Cabanis*, après avoir parlé de la succion, dit sur ces premiers moments de la vie humaine : « Une chose plus digne encore » d'être remarquée, quoique peut-être on la » remarque moins, ce sont toutes ces passions » qui se succèdent d'une manière si rapide, et » se peignent avec tant de naïveté sur le visage

---

(1) La conscience de soi-même, suppose l'exercice des mouvements volontaires ; or la volonté suppose elle-même l'exercice de l'attention, de la comparaison et du raisonnement, c'est-à-dire des trois facultés principales de l'esprit humain ; facultés dont le produit est la volonté, et qui ne peuvent résulter de l'action exercée par une sensation aussi générale que celle du tact sur le centre cérébral.

» mobile des enfants. Tandis que les faibles
» muscles de leurs bras et de leurs jambes sa-
» vent encore à peine former quelques mou-
» vements, les muscles de la face expriment
» déjà, par des mouvements distincts, quoique
» les éléments en soient bien plus compliqués,
» presque toute la série des affections géné-
» rales, propres à la nature humaine, et l'ob-
» servateur attentif reconnaît facilement dans
» ce tableau les traits caractéristiques de
» l'homme futur. Où chercher les causes de
» cet apprentissage si compliqué, de ces habi-
» tudes qui se composent de tant de détermi-
» nations diverses? où trouver même les prin-
» cipes de ces passions qui n'ont pu se former
» tout-à-coup : car elles supposent l'action si-
» multanée et régulière de tout l'organe sen-
» sitif? Sans doute ce n'est pas dans les im-
» pressions encore si nouvelles, si confuses, si
» peu concordantes des objets extérieurs. On
» sait que l'odorat n'existe point à proprement
» parler chez les enfants qui viennent de naître,
» que leur goût, quoique un peu plus déve-
» loppé, distingue à peine les saveurs ; que

» leur oreille n'entend presque rien ; que leur
» vue est incertaine et sans la moindre jus-
» tesse. Il est prouvé, par des faits certains,
» qu'ils sont plusieurs mois sans avoir l'idée
» des distances. Le tact est le seul de leurs
» sens qui leur fournisse des perceptions dis-
» tinctes : vraisemblablement parce que c'est
» le seul qui, dans le ventre de la mère, ait
» reçu quelqu'exercice. Mais les notions for-
» melles qui résultent de ces opérations d'un
» sens unique, sont très - bornées et très-
» vagues, il ne peut surtout en résulter in-
» stantanément une suite de déterminations si
» variées et si complexes. C'est donc, on peut
» l'affirmer, dans leurs concours simultanés
» et leurs combinaisons sympathiques, qu'il
» faut chercher à la fois, et la source de ces
» penchans qui se montrent au moment même
» de la naissance, et celle de ce langage de la
» physionomie, par lequel l'enfant sait déja
» les exprimer, et celle des déterminations
» qu'ils produisent ; il ne saurait, je pense,
» y avoir de doute sur ce point fondamental. »
Ces réflexions de M. Cabanis prouvent évi-

demment que ces affections, ces mouvements, sont purement instinctifs, et j'appelle instinctifs tous les mouvements, qui, déterminés par les besoins sont indépendants de la volonté. Or, l'enfant a bien, il faut en convenir, le sentiment de son existence; mais comme il ne sait pas, et ne peut savoir qu'il a ce sentiment, il ne peut avoir cette volonté qui est une opération que l'esprit ne peut exécuter que lorsqu'il a acquis par l'attention une idée distincte des corps extérieurs. Ce sont des sensations internes qu'il éprouve, il ne peut les comparer à rien puisque la mémoire de son état antérieur ne lui reste pas, il agit donc par une impulsion purement organique et entièrement étrangère à son esprit qui est absolument passif, puisqu'il ne devient actif qu'après s'être senti lui-même.

C'est l'instinct de sa conservation qui lui fait pousser ces cris, résultats de la sensation générale du froid et de la contraction de toute sa peau qu'il éprouve au moment où il fait son entrée dans le monde : par ces cris, il semble réclamer les langes dont il éprouve le besoin.

C'est l'instinct de la nutrition qui lui fait em-
brasser la mamelle de sa mère, et sucer le mamelon avec avidité; c'est en portant ses mains
sur le sein maternel qu'il exerce pour la première fois le sens du toucher, bien différent du
tact, c'est aussi en suçant le mamelon qu'il
exerce à la fois ceux du goût et de l'odorat.
Conservation et nutrition, voilà ses seuls besoins et ses seuls instincts. Il réclame par ces
cris le sein maternel, une température analogue à la sienne, et une couche où sa peau
délicate n'éprouve pas de contact pénible.

Une chose digne de remarque, c'est que dans
les espèces d'oiseaux gallinacés, le sens de la
vue au moment même où les petits sortent
de la coquille, est déja tellement développé
que, comme je l'ai déjà dit, ils distinguent
parfaitement les objets propres à les nourrir. Ils jouissent de plus dans toute sa pléni-
tude de l'usage des muscles du col, et de ceux
de leurs cuisses et de leurs jambes, puisqu'ils
se portent promptement et sans balancer vers
les aliments répandus autour de leurs nids.
Chez les petits des chiens et des chats dont les

yeux ne s'ouvrent que plusieurs jours après la naissance, le sens de l'odorat et celui du tact sont si parfaits, qu'ils sentent de loin l'approche de leur mère, et qu'ils ne la confondent pas avec un animal de la même espèce et du même sexe; ils savent ramper entre ses jambes, pour aller chercher le mamelon, et ils ne se trompent ni sur sa forme, ni sur la nature du service qu'ils en attendent, ni sur les moyens d'en exprimer le lait. Souvent, observe Cabanis, les petits chats allongent leur col pour chercher la mamelle, tandis que leurs reins et leurs cuisses sont encore engagés dans le vagin et dans la matrice de la mère.... Certe, sous ce rapport, l'homme est de tous les mamifères le moins favorisé de la nature, et sans le secours de sa mère, qui après l'avoir porté neuf mois dans son sein, devra encore le porter dans ses bras pendant tout le temps de l'allaitement, il périrait bientôt faute de nourriture.

Tandis que ses sens sont encore dans un état de torpeur et d'engourdissement, on le voit se livrer au sommeil dès que sa faim est satisfaite.

Mais l'habitude et l'exercice font bientôt sortir ces organes de l'espèce de torpeur où ils languissaient au moment de la naissance, et qui laissait encore la vie intérieure de l'homme dominer sur sa vie extérieure, ou pour mieux m'exprimer, l'instinct dominer sur l'intelligence, et en préparer le développement.

Quoique le cerveau et les nerfs de la vie extérieure soient extrêmement développés chez l'enfant en proportion des autres parties, il est cependant vrai de dire qu'ils sont encore exclusivement subordonnés aux besoins de la conservation et de la nutrition, qui d'ailleurs auront toujours sur eux, pendant tout le cours de la vie, un empire presqu'absolu.

Comme les fluides prédominent en général sur les solides dans les premiers temps de la vie de l'homme, il s'ensuit que le cerveau et la pulpe nerveuse sont dans un état de mollesse extrême, et que les impressions extérieures chez l'enfant doivent être rapides et fugitives, car ce n'est pas seulement comme nutritif que le sang agit sur les nerfs, après la naissance, c'est encore comme stimulant et comme excitant. Aussi l'enfant, tant que le système nerveux n'a pas encore toute la consistance qu'il doit acquérir par la suite, éprouve-t-il des mouvements en quelque sorte convulsifs, et des sensations confuses qui se succèdent trop rapidement pour attirer son attention ; et à quoi servirait alors chez lui les déterminations volontaires, puisque les organes de la locomotion sont encore trop faibles pour les exécuter.

Je ne décrirai point ici les organes particuliers de chacun de nos sens, il suffit de donner une idée générale de leur usage et de leurs développements. Les nerfs, quel que soit le sens de rapport extérieur auquel ils appartiennent, ne diffèrent entr'eux ni par leur substance, ni par leur structure. La pulpe nerveuse se distribue avec uniformité dans les troncs principaux, et la manière dont les filets intérieurs sont rangés et distribués par paquets, ne laisse aucune différence entre un nerf et un nerf. Quant au névrilème, ou enveloppe extérieure des nerfs, il est aussi partout uniforme, et ses fonctions paraissent se borner à loger en sûreté la pulpe, et à lui donner la consistance nécessaire pour résister au froissement des parties environnantes ; ainsi la différence des impressions ne tient qu'à la structure différente des organes auxquels les nerfs appartiennent.

Le tact peut être justement considéré comme le sens général, dont les autres ne sont qu'une modification ou une variété. Le tact de l'œil qui distingue les différentes impressions de la lumière, celui de l'oreille qui distingue celles des sons, celui de l'odorat qui distingue celles des odeurs, celui du goût qui distingue celles des saveurs, enfin celui du toucher qui distingue celles des formes, ne sont que des manières différentes de recevoir les impressions diverses de la même matière, et cette différence ne vient que de celle qui existe entre la construction de l'œil, celle de l'oreille, de la langue, du palais, de la membrane pituitaire, des faces palmaires de la main et des pieds.

Le toucher qui n'est qu'une modification du tact, s'exerce par toute la peau, qui est formée de feuillets cellulaires, nourris par des vaisseaux infiniment déliés, et animés par

des filets nerveux : dépouillée de son enveloppe, l'extrémité du nerf s'épanouit et prend
la forme d'un petit mamelon que recouvre un
tissu cellulaire très-condencé, et c'est à travers
cet intermédiaire que le nerf reçoit les impressions. Ces mamelons sont d'ailleurs beaucoup
plus nombreux aux extrémités des doigts et à
toute la face palmaire des pieds et des mains
que partout ailleurs.

L'organe général du goût ne s'écarte guère
de cette forme, seulement les mamelons y sont
plus saillans, plus nombreux et plus épanouis,
et ils sont inondés de sucs muqueux ly-
phaques. Ces mamelons se trouvent particulièrement sur la langue, mais on en trouve
aussi dans l'intérieur des joues, au palais et
dans le fond de la bouche.

La membrane pituitaire qui est particulièrement destinée au sentiment des odeurs, est
parsemée d'un très-grand nombre de glandes
et composée principalement d'une quantité
considérable de filets nerveux qui lui donnent
la forme d'une espèce de velours très-court et
et très-uni, parce qu'ils se terminent en ma-

melons très-fins, et presque dépourvus de consistance. Leur enveloppe n'est qu'une gaze
légère et transparente à travers laquelle la
pulpe rougie par une foule innombrable de
petits vaisseaux dont elle est entourée, bour-
geonne en grains délicats.

Les extrémités sentantes du nerf auditif qui
vont tapisser l'intérieur de la rampe du lima-
çon et des canaux semi-circulaires sont encore
plus délicates, plus muqueuses, et sans cesse
baignées par un fluide lymphatique. Ici la
pulpe cérébrale semble s'être dépouillée de
tout ce qui pouvait offusquer pour elle les
impressions.

Enfin dans la retine ou dans l'expansion du
nerf optique qui est le véritable organe de la
vue, la nature est allée encore plus loin, car
les extrémités de ce nerf forment un tout-so-
lide avec la membrane sur laquelle elles sont
épanouies, tandis que l'expansion du nerf
optique n'est en quelque sorte qu'une mucosité flottante, et que le réseau membraneux qui
la recouvre par ses deux faces est d'une telle
ténuité que l'eau pure n'est pas plus transpa-

rente. Quoique la rétine elle - même admette un assez grand nombre de vaisseaux dans sa structure, la pulpe nerveuse y peut être regardée comme entièrement à nud.

Ainsi en partant du sens du tact pour arriver à celui de la vue, on voit que dans les cinq sens, la pulpe nerveuse est toujours progressivement plus à nud, et plus susceptible de recevoir les impressions extérieures, à mesure que ces impressions doivent être produites par des molécules plus tenues et plus délicates. Ainsi dans le toucher qui reçoit les impressions des formes extérieures du volume et de la consistance des corps, ainsi que celle de leur température, les épanouissements nerveux sont-ils recouverts d'un tissu cellulaire très-épais tandis que dans l'œil qui reçoit les impressions de la lumière, substance impalpable, ces épanouissements sont à nud et seulement environnés d'un réseau très-délicat et très-tenu. Aussi la nature a-t-elle voulu que ce sens si délicat et pourtant si étendu, puisqu'il transporte l'esprit humain jusqu'aux bornes de l'univers connu fût recouvert du

muscle orbiculaire, qui permet à l'homme de
s'interdire l'usage de la vue quand bon lui
semble, muscle que sa volonté même ne pourrait tenir levé si quelque corps étranger, autre
que la lumière, à l'impression de laquelle l'œil
est uniquement destiné, menaçait de frapper
cet organe.

Maintenant suivons ces sens dans leur développement successif, depuis l'enfance jusqu'à l'âge adulte, nous nous apercevrons
d'abord que plus ils sont délicats, plus leur
éducation est longue.

L'organe cutané est le siège du tact, c'est là
que les extrémités nerveuses s'épanouissent
pour recevoir toutes les impressions causées
par le contact immédiat des corps extérieurs :
ces impressions sont-elles agréables, ces extrémités s'épanouissent pour les recevoir ; sont-
elles pénibles, elles se resserent pour les éviter.
Dans le premier cas, elles nous portent une
sensation agréable ; dans le second, elles nous
en portent une douloureuse. C'est à cela que
se bornent toutes les fonctions de ce sens. Il
commence avec la vie et ne finit qu'avec elle.

6.

Considéré comme organe des impressions générales, c'est-à-dire de celles qui nous viennent par toutes les parties de la peau, il n'est
susceptible d'aucune éducation. Il n'en est pas
de même de celui du toucher, qui est renfermé
plus particulièrement dans certaines parties
de nos extrémités. Il nous fait connaître les
contours, le poli, la consistance des corps, etc.,
et il est susceptible d'une longue éducation.
Sa justesse est extrême, il sert à rectifier les
erreurs de la vue, et il se perfectionne avec
elle.

Le sens du goût et celui de l'odorat sont
presque nuls dans l'enfance. Et en effet, on
ne voit pas à quoi servirait à l'enfant, qui ne
peut encore digérer que le lait que lui fournit
sa mère, le goût, dont le seul usage est d'apprécier, par la saveur des aliments, leur plus
ou moins d'aptitude à nous nourrir, à quoi
leur servirait aussi l'odorat qui ne peut nous
avertir qu'imparfaitement de la qualité des
aliments par leur odeur. Ce dernier sens, cependant, que l'on peut appeler, en quelque
sorte, le sens de l'amour, se perfectionne et

joue un rôle important au moment où la nature, imprimant à l'homme un de ses plus
importants caractères, lui donne la faculté de
se reproduire. Les sensations que le goût nous
fournit, étant trop souvent accompagnées des
impressions tumultueuses de la faim, n'excitent guère l'attention que chez ceux qui
vivent pour manger. Aussi n'est-il susceptible
d'une grande éducation que chez les gastro-
nomes.

La vue et l'ouie ne nous donnent d'abord
qu'une idée confuse de la lumière et du son,
mais plus ces sens sont grossiers dans l'enfance, plus ils acquièrent de sagacité par une
éducation bien dirigée.

Le tact est le sens de l'instinct de la conservation, et lui appartient exclusivement. Le
goût et l'odorat sont ceux de l'instinct de la
nutrition et de la propagation. La vue, l'ouie
et le toucher sont ceux de l'intelligence. C'est
par eux seuls qu'il est donné à l'homme de
s'élever au-dessus des animaux, et à quelques
hommes de s'élever au-dessus de leurs semblables; eux seuls nous fournissent des sensa-

tions capables de fixer long-temps l'attention
qui est la première faculté de l'entendement
humain.

D'après ces considérations, je divise les passions en deux classes. La première comprendra les passions instinctives qui dérivent des
sens du tact, du goût et de l'odorat. La seconde
comprendra les passions intellectuelles, qui
dérivent de la vue, de l'ouïe et du toucher. Les
enfans et les jeunes gens sont susceptibles des
premières, l'homme seul est capable des secondes.

On pourra trouver cette division des passions peu rationnelle, ou peu philosophique :
mais je prie ceux qui la considèreront ainsi
de se donner la peine de lire la suite de cet
ouvrage.

§ V.

De l'origine des passions.

La contractilité est comme on l'a vu, la
propriété la plus importante de la matière
animale ; mais cette propriété malgré son

importance ne produirait aucun effet si par la présence d'un stimulant elle n'était pas mise en action, et convertie en contraction ou sensibilité. C'est donc la sensibilité qui est la première faculté de tout être organisé, et comme cette faculté suppose nécessairement la présence d'un stimulant, on voit que la stimulation est aussi indispensable à la vie que la contractilité l'est à la matière vivante, la vie n'est donc qu'une suite non interrompue de contractions produites par des stimulans intérieurs ou par des stimulans extérieurs.

Les stimulans intérieurs s'exercent sur les viscères, et y produisent des mouvements qui, sans cesser d'avoir leur source dans la sensibilité physique, se forment sans que la volonté de l'individu y ait d'autre part que d'en mieux diriger l'exécution.

C'est l'ensemble de ces déterminations que je désigne sous le nom d'instinct. Car il ne faut pas confondre l'impulsion qui porte l'enfant immédiatement après sa naissance à sucer la mamelle de sa mère, avec le raisonnement qui dans la suite lui fait préférer des alimens sains qu'il a déjà trouvés bons, à des alimens corrompus qu'il a trouvés mauvais.

On a vu que dans le fœtus l'accroissement et le développement des organes était toujours la suite de la tendance que chacun de ces organes avait à s'assimiler certaines parties des matériaux qu'il rencontrait soit dans les eaux de l'amnios, soit dans le torrent de la circulation fournie par la veine ombilicale. Cette même tendance continue à exister non seulement après la naissance pour produire toutes les déterminations de l'enfant, mais même pendant toute la vie pour produire les déterminations les plus importantes de l'homme, et fournir ce qu'on appelle toutes ces déterminations irrésistibles et indépendantes de la volonté que je désigne sous le nom d'instinct.

Toutes ces déterminations concourent à la conservation de l'individu et à celle de l'espèce. La volonté prétend quelquefois y résister, mais comme elles ne dépendent pas d'elle, et qu'elles ont leur source dans des besoins pressans, elle finit toujours par être forcée d'y céder : par exemple, l'homme peut suspendre pour un moment l'action de l'organe respiratoire, et pour un temps plus ou moins long celle de certains organes excrétoires, mais il est bientôt forcé de céder aux besoins pressants de la respiration et des sécrétions alvines. D'ailleurs sa volonté ne peut rien ni sur la circulation ni sur les assimilations intérieures ni sur les sécrétions intérieures. Ces opérations si essentielles à son existence s'exécutent en lui sans qu'il en ait le sentiment, à moins qu'elles ne soient accompagnées de quelque trouble et de quelque désordre qui lui sont dénoncés par des douleurs intérieures.

Le mot instinct est formé de deux radicaux grecs, εν qui veut dire dedans, et στιξειν verbe qui signifie *aiguillonner, piquer.* L'instinct est donc suivant son étymologie, le produit des excitations dont les stimulans s'appliquent à l'intérieur, c'est-à-dire qu'il est le résultat des impressions reçues par les organes internes.

Ces impressions et leurs résultats ont, comme je l'ai déjà dit, à toutes les époques de la vie pour but direct la conservation de l'individu, et à l'époque de la puberté, elles ont encore un but plus grand et plus noble qui est celui de la conservation de l'espèce.

L'instinct de la conservation individuelle comprend le besoin de la nutrition, celui du mouvement qui tend au développement des organes, celui d'une température propre à conserver la chaleur du sang et à favoriser la circulation de ce fluide conservateur et nourricier. Enfin l'instinct de la conservation de l'espèce comprend la tendance des deux sexes l'un vers l'autre, et l'amour maternel et paternel. Les animaux, de quelqu'espèce qu'ils soient, éprouvent le double besoin de la conservation individuelle et de la conservation de l'espèce, et c'est un but vers lequel, selon les circonstances, se dirigent toujours toutes leurs déterminations. Mais ils y sont conduits par des moyens qui, dans chaque espèce, diffèrent selon le plus ou moins de sagacité des extrémités sentantes extérieures, et surtout selon le plus ou moins d'étendue, et le plus ou moins de perspicacité de l'organe sensitif, ou du centre nerveux cérébral où tout concourt, tout conspire, et qui, dans l'homme comme dans tous les autres animaux, commande et fait exécuter tous les mouvements intérieurs nécessaires à la satisfaction de ce double instinct, après avoir reçu les impressions que ses besoins exercent sur lui, et celles des objets extérieurs propres à satisfaire à ces besoins.

Ainsi, dans les animaux en général et dans l'homme en particulier, il y a deux genres d'impressions bien distincts, qui sont la source de toutes leurs déterminations. Les unes viennent des organes internes, et sont portées par eux au centre cérébral. Les autres viennent des objets extérieurs, sont reçues par les extrémités nerveuses extérieures, dirigées par elles vers le centre sensitif, qui les reporte, selon les circonstances, vers les muscles volontaires propres à satisfaire les besoins de l'instinct.

Quoique placé par certaines circonstances de son organisation à la tête des animaux, l'homme participe à toutes leurs facultés instinctives, et quoique gouverné dans la plu-

part des actions de sa vie par une intelligence
supérieure à la leur, il n'en est pas moins
obligé qu'eux de céder aux besoins de la conservation, et chez lui comme chez eux, c'est
presque toujours l'organe digestif, qui commande à celui de l'intelligence, ou pour mieux
dire, la tête obéit à l'estomac. Ici sous le nom
d'estomac je comprends tous les viscères, et
même les deux systèmes de circulation du sang,
dont l'un, le système artériel, a pour terme
la peau, tandis que l'autre le système veineux
y prend son origine : en sorte que c'est à la
peau que se termine le flux, et que commence
le reflux du sang.

Les psycologues qui ne considèrent dans
l'homme que le système intellectuel, et qui
font dans leurs livres abstraction de tout ce qui
se passe dans les organes de la nutrition, ont
dû rapporter toutes les sensations, et ils les
ont en effet rapportées toutes au sens de rapport ; ils n'ont pas senti que l'homme avant
de percevoir les sensations de lumière, de
son, d'odeur, de saveur, avait perçu le sentiment de la faim, celui de la chaleur, celui

du froid interne; et ils n'ont compté au nombre de nos facultés que celles qui tirent leur origine de ces sensations, sans tenir aucun compte des sentimens qui marchent bien avant elles, puisqu'ils préexistent à tous les rapports de l'homme avec l'univers extérieur, puisque, comme on a dû le voir, ces rapports sont la suite de ce que la prédominance du centre cérébral, ou du centre de tous les centres partiels, a déterminé, réglé, commandé tont ce qui s'est passé dans tous les autres organes pendant leur formation dans le ventre de la mère. Ils n'ont pas vu que de même que le centre d'un cercle n'est qu'un point indivisible, autour duquel se coordonnent tous les points également indivisibles de la circonférence, ne sert véritablement qu'à déterminer cette circonférence, le centre cérébral n'était que le point déterminatif de tous les phénomènes de la vie, phénomènes dont la circonférence s'étend si loin que, pour me servir d'une expression peut-être un peu hasardée, ils s'étendent au-delà de l'infiniment grand, et seraient trop à l'étroit, resserrés dans les bornes du fini.

Quelles qu'ayent été les diverses doctrines des psycologues qui n'ont presque jamais raisonné que sur des mots, ils ont été obligés de convenir avec les physiologistes, qui ont toujours raisonné sur des faits, qu'il fallait ranger les impressions par rapport à leurs effets généraux, dans l'organe sensitif, sous deux chefs qui les embrassent réellement toutes, *le plaisir et la douleur.* Et de ces deux sentimens opposés, ils ont fait naître toutes les passions. On ne peut se dissimuler que cette double origine des passions a quelque chose de si spécieux et de si séduisant aux yeux de la raison même, qu'il est difficile de ne pas l'admettre. Cependant quand on considère que l'accroissement et le développement de tous les organes s'opèrent dans le fœtus, sans plaisir et sans douleur de sa part. Quand on considère que dans l'homme le plaisir et la douleur ne sont autre chose dans bien des circonstances que la comparaison d'un état

passé à un état présent, que ce qui fait plaisir
à l'un, peut être pour un autre une cause de
douleur, que ce qui est pour nous un état de
bien aise dans certaines circonstances, va dans
un moment devenir un état de mal aise, sans
que la cause de l'un ou de l'autre de ces états
change de nature, il paraît tout simple de ne
pas chercher hors de nous-mêmes la cause de
nos passions, et comme ce qui se passe dans
le sein du système nerveux proprement dit,
est soumis aux mêmes lois que ce qui se passe
dans le système viscéral proprement dit, il
paraît naturel de ne pas assigner à nos passions
d'autre origine que la satisfaction des besoins
de l'instinct, et de ceux de notre intelligence
qui dérivent de la même source que les premiers, et qui tous et dans toutes les circonstances considérés sous un point de vue générale, n'ont pour but et pour objet que la
conservation de l'individu et de l'espèce : j'ai
dit que les sens de l'instinct étaient le tact
général, l'odorat et le goût, et que ceux de
l'intelligence étaient la vue, l'ouïe et le toucher, c'est-à-dire cette disposition des faces

palmaires de la main et des pieds qui nous
permet d'apprécier les formes des objets avec
lesquels nous pouvons mettre ces parties de
nos membres en contact immédiat ; mais
comme on ne peut pas isoler les passions intellectuelles des passions instinctives, puisque
certainement le but des premières est de satisfaire les secondes, et que si nous ne considérons l'homme que sous le rapport physiologique, nous serons forcés de convenir que
ses actions quelles qu'elles soient, tendent
toutes à la satisfaction de ses besoins présents
ou futurs, et que c'est de cette satisfaction
seule que les passions de l'homme tirent leurs
origines.

§ VI.

Satisfaction des besoins de l'instinct.

Tous les corps organisés ont besoin pour se
conserver et se perfectionner de stimulans pro-
portionnés à ce besoin. Les stimulans sont le
principe du mouvement interne qui s'exerce en
tout temps, à chaque instant dans les organes

de l'assimilation et de la disassimilation : ils causent aussi les mouvemens des muscles d'appréhension, de locomotion et de la parole. Par eux l'homme vit intérieurement, par eux il vit extérieurement. Sa vie intérieure cesse du moment même où les viscères sont sans action, sa vie extérieure cesse lorsqu'il a commandé le repos à ses organes de rapport, et lorsqu'enseveli dans un profond sommeil, il a perdu momentanément l'usage de ses sens de rapport. Le sommeil des sens et le repos des muscles volontaires sont aussi nécessaires à l'homme intellectuel que le mouvement continuel des viscères est essentiel à la vie de l'homme physique. Et cela est si vrai que si les sens et les muscles volontaires agissaient toujours, ils consommeraient en disassimilation , plus que la circulation pourrait fournir en assimilation aux organes internes qui périraient faute de nourriture.

Cette proposition est sans doute trop métaphysique puisqu'elle passerait, si je l'expliquais davantage, et si je voulais arriver jusqu'à sa démonstration positive, les bornes que je dois

me prescrire dans ce chapitre. Je la réduis donc dans cette circonstance, sauf à lui donner dans la suite d'autres développemens, à cette double application, c'est que l'homme ne vit que par les stimulans internes et par les stimulans externes.

Tant qu'il est dans le ventre de sa mère, il existe indépendamment des stimulans externes, et il y reçoit tous les stimulans internes nécessaires à son existence. Mais lorsqu'il a vu le jour, il est obligé de chercher lui-même ce qui lui était fourni sans qu'il s'en inquiétât, et dès lors les organes des sens qui le mettent en rapport avec l'univers extérieur lui sont indispensables : et alors pour la première fois après neuf mois d'existence isolée, il sent et éprouve le premier besoin. Ce besoin est celui de la respiration, il est satisfait par la force des choses, et sans que sa volonté prenne la moindre part à cette satisfaction. Il respire, mais il faut qu'il cherche la nourriture que les veines ombilicales lui fournissaient ; il respire, mais sous peine de périr, il faut qu'il réclame dans le milieu atmosphérique qui l'environne,

une température égale ou du moins à-peu-
près égale à celle sous l'empire de laquelle ses
membres faibles et délicats se sont développés.
Ce cri, comme je l'ai déjà dit et comme cela
est véritablement, annonce chez l'homme exclusivement le besoin de vêtement, et déjà il
le distingue des animaux auxquels ce cri est
étranger parce qu'ils n'ont pas le même besoin.
Ce cri annonce l'homme, il est chez lui le
premier signe de sa faiblesse actuelle et de sa
supériorité future, et tandis que les animaux
qui par leur organisation approchent le plus
de son espèce, vont chercher avec avidité le
mamelon dont ils tireront le lait qui doit les
nourrir, il est bientôt tranquille et immobile dès que l'air après avoir pénétré dans ses
poumons, est allé fournir à son sang l'oxigène
qu'il recevait précédemment de la veine ombilicale, et qui, comme je l'ai dit, paraissait
ne plus suffire quelque temps avant l'accouchement.

Quand le besoin instinctif qui réclame une
température douce est satisfait, l'enfant cesse
de crier, jusqu'à ce qu'un besoin non moins

7.

impérieux que le premier, lui fasse réclamer le lait nourricier; que ce second besoin soit satisfait, non seulement les cris cessent, mais l'enfant se livre à un sommeil qui dure autant que ce second besoin ne se présente pas une seconde fois. Mais si ce second besoin n'est pas satisfait, les cris ne cessent qu'au moment où faute d'assimilation, toutes les forces du nouveau né sont épuisées. Ceci est tellement incontestable que dans ma pratique et dans une circonstance pénible et extrêmement pénible pour moi, j'en ai été témoin.

Au reste cette observation fugitive, quelque peu d'importance qu'on veuille y attacher quoiqu'elle en mérite beaucoup, ne prouve pas moins que le sens du tact, qui comme nous l'avons dit n'est qu'un sens de rapport, se prononce chez l'homme avant le besoin de nutrition, et se fait sentir à tous les viscères sans en excepter aucun. Il résulte de là que le besoin de ce sens précède celui de tous les autres; qu'il est non seulement purement instinctif, mais qu'il est de plus destiné par la nature à avertir l'homme de sa propre existence. C'est par lui et par lui seul que, faisant la différence de *soi-même* avec tous les êtres qui ne sont pas lui-même, il a le premier sentiment non seulement de son existence, mais de l'existence par exemple *de la chaleur ou du froid*, *et d'un corps qui lui oppose de la résistance*. Mais je l'avoue et je dois l'avouer, ce sentiment est confus, plus même que confus, et il ne suffit pas pour donner à l'homme ce jugement, ou plutôt cette double idée, *je sais que je suis*.

§. VII.

Développement des Sens.

QUOIQUE chez les enfants l'appareil nerveux de l'encéphale, ainsi que ceux de la protubérance annullante, et de la moelle épinière, soient proportionnellement beaucoup plus développés, que tous les autres systêmes de la vie ; cependant il n'en est pas moins vrai que ces appareils ne jouent encore dans les premiers mois et même dans la première année de l'existence qu'un rôle extrêmement secondaire.

Les papilles nerveuses du tact général, c'est-
à-dire de ce sens, le premier de tous, qui
nous met en relation immédiate avec les mi-
lieux dans lesquels nous sommes plongés,
sont peut-être plus épanouies que dans aucun
autre temps de la vie, mais plongées dans un
tissu cellulaire, très-abondant dans l'enfance,
et encore accru par la prédominance du système lymphatique qui caractérise cet âge,
elles ne jouissent encore que d'une sensibilité
vague et indéterminée : le toucher, que, comme je l'ait déjà dit, il ne faut pas confondre
avec le tact général, et dont les organes sont
renfermés dans les faces palmaires des mains
et des pieds, ou dispersés çà et là, dans
quelques jointures articulaires ; le toucher,
dis-je, n'a pas plus d'exactitude et de préci-
sion que le tact chez les jeunes enfants.

Le seul sens qui chez ces êtres faibles dont
la vie est encore sous la dépendance des soins
maternels, qui jouisse de quelque rectitude
et d'une certaine justesse, est celui du goût.
Mais si l'on considère que ce sens tient directement aux premières nécessités de la vie vé-

gétative, on sentira facilement pourquoi la nature a voulu qu'il n'eût pas, comme les autres, besoin d'une certaine éducation pour acquérir la perfection nécessaire pour lui faire distinguer les substances qui nous conviennent de celles qui nous seraient nuisibles.

Le goût qui appartient exclusivement l'instinct de la nutrition, est et doit être aussi sûr chez l'homme naissant qu'il l'est chez tous les petits mamifères. Les nerfs de ce sens qui prennent leur origine dans le voisinage du sommet des corps pyramidaux, après avoir fourni d'innombrables filets à la langue et à d'autres parties de la bouche, vont par de nombreuses anastomoses s'unir à cette paire cérébrale connue sous le nom de nerfs pneumogastriques, qui, plongeant profondément dans les viscères, préside conjointement avec le trisplaschnigique au gouvernement de toute la région intestinale; c'est ce qui fait que le sens du goût jouit dès le moment de la naissance d'une sensibilité, ou, pour mieux dire,

d'un discernement aussi juste que peut l'être
l'action de tous les organes qui concourent
à la nutrition et à l'alimentation du corps.
Ainsi de même que dans leur état normal les
vaisseaux lymphatiques n'admettent dans leurs
orifices soit intérieurs soit extérieurs que de
la lymphe, que les artères ne reçoivent que
du sang artériel, les veines que du sang dé-
soxigéné, le goût qui préside à la déglutition
n'admet et ne fait pénétrer dans l'œsophage que
les aliments propres à la nutrition. Dès l'enfance il répugne non seulement à toute nourriture nuisible, mais il n'admet avec plaisir
que celle qui convient à cet âge, et il repousse
alors des solides aussi bien que des liquides
que dans d'autres temps il recherche avec
une sorte d'avidité, on pourrait même dire,
avec quelqu'apparence de vérité, qu'au lieu de
se perfectionner avec le temps par l'éducation,
le goût n'est guère susceptible que de dépra-
vation, puisque par les habitudes qu'on lui
donne, on parvient non seulement à lui faire
recevoir des aliments qui lui répugnaient d'a-

bord, mais même à lui donner une certaine prédilection pour des substances évidemment nuisibles à l'économie animale.

Après le sens du goût, celui du tact général occupe dans l'ordre du développement le premier rang chez l'homme. Aussi si l'un préside à l'instinct de la nutrition, l'autre préside à celui de la conservation individuelle; aussi les nerfs du tact général répandus dans toutes les parties extérieures du corps tirent-ils, de même que ceux du toucher, leur origine immédiate de la moëlle épinière, et reçoivent-ils de nombreux filets du trisplanchnique. Le goût et le tact tiennent l'un et l'autre si distincte-ment à la vie végétative, que non seulement ils sont indispensables; mais, qu'à proprement parler, ils suffiraient seuls à son développe-ment et à sa conservation.

Plus développés et plus sûrs dans l'enfance de l'homme que l'odorat, l'ouïe et la vue, ils sont aussi les sources principales des affections et des passions de ce premier âge de la vie. Le besoin d'une nourriture convenable, et d'une douce température, sont les seuls qui se fassent sentir à l'enfant nouvellement né ; ils sont les principes de toutes ses peines et de tous ses plaisirs ; le lait de sa nourrice, des vêtements secs et un air tempéré sont pour lui le comble de la satisfaction ; il n'a point encore ces sentiments d'orgueil et d'ambition, d'amour propre qui plus tard, se développant avec son intelligence, et corrompant son instinct naturel, deviendront pour lui une source inépuisable de maux et de plaisirs.

C'est un spectacle à la fois touchant et agréable pour l'observateur que celui que présentent les traits délicats de l'enfant, lorsque doucement enveloppé dans ses langes, il tient dans sa bouche avide le mamelon dont il tire un lait rafraîchissant et nourrissant ; l'expression la plus douce du plaisir se répand sur toute sa face, et se manifeste par les mouvements de ses membres délicats ! mouvements auquel ne préside encore que le sentiment, et que dirigera bientôt l'empire de la volonté. Mais aussi rien de plus douloureux et de plus déchirant que les cris et les mouvements convulsifs de cet être si intéressant par sa faiblesse, soit lorsque la nourrice le laisse exposé à un air trop froid ou trop chaud, et croupir dans des langes humides, soit lorsqu'elle lui refuse l'aliment que son appétit reclame : qu'on ne croie pas que les passions de cet âge n'aient aucune influence sur le reste de la vie. Certes les cris convulsifs d'un enfant exposé au froid ou privé de sa nourriture, annoncent des souffrances dont il ne conservera pas le souvenir, mais qui souvent sont trop vives pour ne pas porter dans les viscères un trouble très-considérable susceptible d'avoir de longues et de funestes conséquences. Ces cris, par leur violence et leur durée, peuvent faire dans les poumons l'appel d'une assez grande quantité de sang pour briser les parois des vaisseaux, ou du moins pour léser irrévocablement l'organisation de ces importants organes.

On doit remarquer ici que les réclamations que l'enfant exprime par ses cris, étant une inspiration de l'instinct, il n'y a jamais de danger à les satisfaire, et toujours la plus grande injustice et le plus grand mal à les contrarier. Il faut aussi remarquer qu'en privant trop long-temps un enfant de l'aliment dont ses cris nous annoncent le besoin, on risque au moment où l'on consent à les appaiser de le faire passer immédiatement de l'extrême douleur à l'extrême joie, et que ce passage subit d'une extrémité à l'autre n'est jamais sans péril pour des organes aussi délicats.

On a vu des enfants où le sang s'était accumulé dans la tête, le thorax et les extrémités thorachiques pendant les cris par lesquels ils reclamaient le sein de leur nourrice, expirer d'une joie convulsive, au moment malheureusement trop tardif où elle le leur présentait.

Sans doute on ne peut pas se dissimuler que ces êtres faibles et délicats passent avec une extrême rapidité du chagrin à la joie et de la douleur au plaisir ; mais c'est précisément par cette mobilité que la nature indique à la nourrice ou à la mère le soin qu'elle doit mettre à ne pas laisser l'individu dont l'existence lui est confiée, livré trop long-temps à la sensation pénible d'un besoin de nourriture ; et comme il est évident que les déterminations des premiers temps de l'enfance ne peuvent être rapportées qu'à des impressions internes suites nécessaires des diverses impressions vitales, il est aussi certain qu'elles annoncent des besoins réels et pressants auxquels il importe de satisfaire promptement. Car dans l'enfance où les forces intellectuelles n'ont point encore été exercées, l'instinct est aussi puissant, aussi éclairé que chez les animaux qu'il dirige toujours d'une manière infaillible.

Jusqu'ici nous avons vu les déterminations de l'enfance uniquement inspirées par l'instinct de la conservation en général et de la nutrition en particulier; et fondées sur la satisfaction ou les privations du sens, du goût et de l'odorat; cet état ne dure toute fois que peu de temps. Bientôt le sens de la vue et celui de l'ouie, qui n'avaient reporté d'abord au cerveau de l'enfant que des idées confuses de couleurs et de bruit, commencent à présenter celles des distances, des formes et des diverses couleurs des corps, ainsi que celles de l'intensité, de la variété et de l'harmonie des sons, enfin l'odorat lui rapporte les sensations agréables ou désagréables des substances odorantes, et tandis que ce sens est en quelque manière la sentinelle du goût, celui du toucher cherche à vérifier les idées présentées par la vue, sous le rapport des formes et des distances. Mais il faut remarquer que ces quatre derniers sens, qui sont presqu'aussitôt perfectionnés chez les animaux que ceux du goût et du tact général, parce qu'ils n'ont vraiment de rapports qu'avec leurs instincts, ont besoin chez l'homme d'une longue éducation, parce qu'ils sont à-la-fois la source de son intelligence, et ses moyens de conservation en dirigeant ses rapports avec l'univers extérieur.

Remarquons que les sens du goût et du tact conservent un empire direct et absolu sur les autres, et qu'avant de leur permettre de s'employer immédiatement au développement du moral de l'homme, ils les forcent encore pendant long-temps à rester exclusivement à leur service. Je veux dire que pendant long-temps l'enfant ne voit avec plaisir que sa nourrice, n'entend avec délice que le son de sa voix, et ne touche que son sein avec

volupté. Rien encore ne peut le distraire de
ce qui se rapporte à sa nutrition et à sa conservation ; et pendant long-temps encore ce
double instinct est le principe de toutes ses
déterminations.

Mettez un cheval dans un parterre émaillé
des fleurs les plus belles et les plus odorantes,
il les quittera pour s'élancer vers le coin qui
lui présentera l'herbe qui va satisfaire son
appétit. Placez un enfant au milieu d'un cercle
de belles dames parées d'étoffes et de bijoux
éclatans, faites-lui entendre les accens de la
musique la plus mélodieuse, vous pourrez
bien le distraire un moment de l'idée de sa
nourrice, mais qu'elle paraisse ou qu'il en-
tende sa voix, vous le verrez bientôt tendre
ses bras vers elle, et oublier sur son sein tous
les objets qui ne pouvaient contribuer à sa
nutrition. Ce n'est pas en peu de jours, ce
n'est souvent qu'en plusieurs semaines, que
l'enfant parvient à oublier le sein dont il a
tiré sa première nourriture. En vain vous lui
présentez les alimens les plus agréables à son
goût et les plus favorables à sa nutrition, en

vain vous éloignez de lui celle qui le nourrit de son lait, ce n'est que lorsque son goût se sera familiarisé avec ces nouveaux mets, qu'il parviendra à perdre le souvenir et le désir de celui qui a soutenu sa première existence.

Cependant que de moyens n'avons-nous pas pour le distraire de ce premier objet de sa prédilection! Au lieu d'un seul aliment, nous pouvons lui en présenter de diversifiés en cent manières; et cependant l'habitude secondée encore par la nature, le rappellera long-temps vers le premier. Enfin il s'est habitué à sa nouvelle manière de vivre, déjà il commence à distinguer les objets agréables de ceux qui ne le sont pas, déjà ses hochets le charment en proportion de leur éclat; déjà plusieurs voix, plusieurs figures lui plaisent; sa nourrice, sa mère, son père, ne sont plus pour lui des êtres d'une prédilection exclusive; déjà il aime à s'endormir au son d'une voix ou d'une musique agréable, déjà il a des compagnons de jeu et de divertissemens, déjà enfin le goût du luxe et de la parure se développe dans son cœur, et cependant il est encore bien loin de préférer un bel habit à un mets succulent, et le sens du goût exerce encore chez lui un empire absolu sur ceux de l'ouïe et de la vue : il se laissera sans peine enlever un brillant hochet, mais il deviendra furieux si vous prétendez lui ravir un bonbon ou un morceau de pâtisserie.

Cependant nous ne pouvons pas nous dissimuler que chez les enfants l'idée de l'oppression ne se fasse sentir de bonne heure, même lorsqu'ils sont nés avec les facultés les plus ordinaires : mais le sentiment de la justice qui exige l'exercice de plusieurs facultés intellectuelles, n'a encore qu'un rapport direct avec l'instinct de la nutrition et de la conservation. Frappez un enfant ; soit qu'il mérite ou ne mérite pas cette correction, il se révoltera et deviendra furieux ; il en sera de même si vous prétendez lui ôter un objet qui lui plaise. Mais ne voit-on pas qu'ici il en agira comme le ferait un animal envers un autre animal, envers l'homme lui-même : et ici l'instinct agira encore d'une manière plus sûre que chez l'enfant, car celui-ci se révoltera même contre un être bien plus fort que lui, tandis que l'animal abandonnera sa proie, et prendra la fuite devant lui.

On me dira que si l'enfant se fâche et se révolte, c'est parce qu'il a le sentiment de l'injustice qu'on lui fait, mais je soutiens que c'est parce qu'il n'a pas celui de sa faiblesse : ce qui prouve évidemment combien ce que j'avance est fondé, c'est que quand il sera devenu homme, vous le verrez se soumettre humblement aux lois les plus atroces, et ramper aux pieds des tyrans les plus odieux. Quand le philosophe de Genève a dit que la colère qu'excite chez les enfants une action injuste commise à leur égard, est une preuve qu'ils ont une notion du bien et du mal, il ne voyait pas que cette colère n'est qu'une aberration de l'instinct, et une preuve de l'ignorance dans laquelle cet être est de sa faiblesse : car s'il la connaissait, il céderait avec chagrin, mais sans résistance. Si l'idée de l'injustice était, comme le prétend Rousseau, si naturelle à l'enfant, ne le

verrait-on pas s'irriter aussi bienlorsqu'il la
voit commettre à l'égard des autres que lorsqu'elle se rapporte à lui-même ? c'est cependant
ce qui n'arrive pas. Je soutiens donc que cette
idée du juste et de l'injuste qui suppose celle du
tien et du mien, et qui exige un grand développement de l'intelligence, ne se manifestant
qu'à l'égard des actions qui intéressent directement sa nutrition et sa conservation person-
nelle, est proprement une simple détermina-
tion de l'instinct, ainsi que tous les sentimens
qui en résultent.

Il est constant qu'avant d'avoir le sentiment de l'équité, il faut avoir beaucoup
réfléchi sur soi-même et sur ses propres rapports avec les autres; et c'est ce que l'enfant
ne peut faire que long-temps après que ses sens
bien développés lui auront permis de se considérer soi-même, et de se comparer avec ce
qui l'environne.

Je bornerai ici ces considérations générales.
J'en avais fait sous une autre forme la matière
d'une thèse, que j'espérais soutenir pour mon
doctorat, et avant mon départ pour l'armée

8.

d'Espagne; mais un commis du ministère m'a forcé de m'y rendre, malgré la parole que le Ministre lui-même m'avait donnée, à cause de mes anciens services, de me laisser à Paris jusqu'à la fin de mes cours. J'ai fait de cette thèse mon chapitre préliminaire, et on sentira facilement par la nature de cet ouvrage, pourquoi je me borne ici à l'exposition des idées qu'elle contient.

CHAPITRE II.

Des facultés physiques et morales de l'homme.

APRÈS avoir exposé d'une manière succincte les idées générales sur lesquelles nous voulons fonder cet ouvrage, nous allons les développer. Dans ce chapitre, nous traiterons, 1° de la sensibilité et des stimulants, 2° du sens intime, 3° des sensations, 4° de la perception.

§ I.

De la Sensibilité.

Partout où les mêmes phénomènes, ou seulement des phénomènes analogues, se présentent, on doit les attribuer à la même cause; car il est reconnu depuis long-temps qu'avec le même moyen la nature produit une multitude de résultats divers et qui paraissent même souvent opposés aux yeux du vulgaire: il n'est donc pas présumable que, pour en produire de semblables ou d'analogues, elle emploie des causes différentes.

La matière brute tend essentiellement au mouvement, l'état de repos n'est pour elle qu'un état secondaire, sans cesse pénétrée par des fluides que nous ne pouvons saisir, et qui cependant sont si puissants sur nous ; ses molécules tendent sans cesse à s'écarter. Nous ne pouvons pas pénétrer dans le sein de la terre, mais si nous jugeons du centre par ce qui se passe à sa surface, nous avons lieu de croire que tout y est dans un mouvement continuel, parce que dans ce centre sont probablement renfermés tous ces fluides qui n'attendent pour s'échapper, mettre en mouvement toute la croûte extérieure de cette terre, que la seule présence d'autres fluides extérieurs qui les appellent à eux, et les attirent à la circonférence.

Je ne veux point attaquer le système de Newton : c'est une brillante hypothèse ; mais l'attraction n'est qu'un mot vide de sens, si l'on ne suppose dans les globes qui parcourent les cieux, une sensibilité générale, qui tantôt les rapproche, tantôt les éloigne l'un de l'autre, selon des lois plus fixes que celles qui régissent les êtres sublunaires.

Quand une certaine quantité de molécules de calorique, est interposée entre les globules de l'eau d'un fleuve, il coule et suit sa pente jusqu'à la mer, qui le reçoit dans son sein; quand au contraire une certaine quantité de ce calorique s'est retirée pour se reporter ailleurs, l'eau coule plus lentement, et quand le calorique a disparu, la glace se forme, et le mouvement cesse.

Ah! que la philosophie des anciens était brillante et séduisante! elle animait tout; la nôtre porte la mort même, où existe évidemment la vie. Ainsi les ruisseaux, les rivières, les fleuves, les arbres étaient vivants, parce que partout où les Grecs voyaient du mouvement, ils croyaient voir le sentiment.

Quoi qu'il en soit de cette brillante philosophie, nous nous garderons bien de l'adopter; mais nous dirons que, si le mouvement ne suppose pas la vie, il en est le principe.

Au milieu des transformations perpétuelles

que font subir aux éléments les fluides inco-
excibles dont j'ai parlé, il s'opère des rappro-
chements innombrables de certaines substances, qui, combinées en certaines proportions, en certaine quantité, et dans certaines
circonstances, ne peuvent manquer de s'organiser, et de former un tout capable de vivre,
de s'accroître et de se reproduire par lui-même
avant que les mêmes fluides qui ont été la
cause de sa formation, n'aient, en le pénétrant
sans cesse en tout sens, opéré sa destruction.

L'affinité chimique, quoi qu'on en dise,
produit une sorte d'organisation, mais c'est
une organisation qui ne suppose pas la sensibilité, parce qu'elle n'est pas plutôt accomplie,
que le nouveau corps qui en est résulté rentre
dans l'ordre des êtres soumis aux seules lois de la
pesanteur. C'est un commencement de vie qui
est à l'instant même suivi de la mort; toutefois le principe de la vie y reste, puisqu'il
ne faut que la rencontre de certaine autre
substance pour y reproduire le mouvement;
car dans la nature, les agents de la vie sont
aussi ceux de la mort.

Cependant, comme ces idées pourraient paraître étranges dans les temps de lumière où nous avons le bonheur de vivre, nous les abandonnons, et nous disons que tout être qui porte en lui-même le principe de ses mouvements, est organisé; et dans le nombre de ces êtres nous comprenons tous les végétaux et tous les animaux sans exception, et à la tête de tous ces êtres nous plaçons l'homme, parce que outre la faculté de se mouvoir spontanément, il a celle de se mouvoir volontairement, de combiner ses mouvements, de connaître ses rapports avec ce qui l'environne, de se connaître lui-même, en un mot de penser et de savoir ce qu'il pense.

Si nous remontons jusqu'à nous du dernier de tous ces êtres qui naissent, croissent, se reproduisent et meurent, nous trouverons que tous ont des mouvements spontanés, des appétits analogues à leur nature; et comme tous les actes analogues sont dus à une même cause, nous en conclurons qu'ils sont tous produits par la sensibilité, et que tous les êtres organisés sont sensibles.

Nous verrons les plantes puiser dans la terre, par leurs racines, les éléments qui conviennent à leur espèce; la sensitive se retirer à l'approche d'un corps qui la blesse. Nous les verrons toutes rechercher l'air et la lumière, parce qu'ils sont nécessaires à leur existence ; nous verrons le polype mouvoir ses antennes à l'approche de sa proie, la saisir et la digérer; nous verrons en un mot tous les animaux se livrer à des mouvement divers et conformes à leurs appétits et à leurs besoins. Attribuerons-nous ces variétés du même phénomène à des causes diverses ? non, nous les attribuerons tous à la même cause, la sensibilité; et nous attribuerons leur diversité à la différence de l'organisation des genres, des espèces et des individus.

Haller a le premier attribué à deux causes différentes les mouvements des végétaux et ceux des animaux; ces causes étaient pour les végétaux l'irritabilité, et pour les animaux la sensibilité, à laquelle il joignait la première pour les mouvements purement organiques. Mais comme nous prouverons qu'il n'y a dans cette question qu'une pure différence de mots, et qu'à bien prendre, l'irritabilité et la sensibilité ne sont qu'une seule et même chose il s'en suit qu'en ceci nous sommes absolument de l'avis de Haller, en attribuant la sensibilité aux végétaux comme aux animaux, et que chez les uns comme chez les autres, la diversité des phénomènes ne naît pas de la différence du ressort, mais de la différence du mécanisme.

Les uns ont placé le siège de la sensibilité dans les nerfs, les autres dans les fibres. Mais comme il est certain qu'on ne peut attribuer les mouvements spontanés qu'à la sensibilité, ou si l'on veut à l'irritabilité; et que les végétaux et un grand nombre d'animaux dépourvus de nerfs et de fibres, se meuvent cependant spontanément, il est certain qu'ici on a pris le mobile pour le moteur.

Voici comment Chrichton raisonne (1) à cet égard.

« S'il y a, dit-il, des corps qui possèdent

---

(1) An inquiry into the nature and origin of mental dérangement, p. 5 et 6.

» une faculté de se mouvoir distincte de celle
» qui est produite par une impulsion méca-
» nique, ou par l'attraction chimique, puisque
» cette faculté est particulière à leur état de
» vie, et que leur mouvement est produit par
» l'application d'un stimulant, il faut bien
» croire que ce mouvement est soumis aux
» mêmes lois que ceux des animaux : si en ef-
» fet il résulte de l'application d'un stimulus
» particulier, s'il cesse quand on retire la cause
» qui l'a produit, et s'il est effectué par la force
» même du corps; enfin s'il est évidemment
» prouvé que ces corps n'ont ni nerfs ni cerveau,
» et même rien de ce qui ressemble à ces or-
» ganes, alors il faut en conclure que le prin-
» cipe de leur mouvement est une irritabilité
» ou tout autre principe inhérent à eux, quel-
» que nom qu'on veuille lui donner, et que ce
» principe est distinct de l'énergie nerveuse
» et du mouvement mécanique. »

« Or on trouve un grand nombre de ces
» corps parmi les végétaux et parmi les ani-
» maux de la dernière classe : si l'on pique les
» étamines de l'épine vinette avec une épingle

» ou avec tout autre instrument aigu, on les
» voit entrer immédiatement dans un mouve-
» ment évident. Si l'on touche les feuilles de
» la *carambola averrhoa* elles se retirent, celles
» de la sensitive ou *mimosa pudica,* éprouvent
» le même mouvement, soit qu'on les stimule
» par le toucher, par l'électricité, ou par l'a-
» moniac. Les feuilles de la plante dite attrappe
» mouche de Vénus, *dionœa muscipula,* qui
» sont munies à leurs bords de piquants très-
» aigus, sont douées d'une grande dose d'irrita-
» bilité : si un insecte rampe sur elles, on les
» voit se refermer d'elles-mêmes et étreindre le
» petit animal jusqu'à ce qu'il soit mort. Ceux
» qui possèdent cette plante rare, peuvent se
» convaincre de ce que j'avance, en irritant
» le côté d'une de ces feuilles avec un brin
» de paille ou d'herbe, ils la verront se resser-
» sur le champ. »

Crichton rapporte ces faits comme une
preuve évidente que l'irritabilité, et le mouvement spontané existent dans des corps où
l'on n'a jamais découvert ni nerfs ni cerveau. Cette vérité est, dit-il, bien confirmée

par les phénomènes qui se passent tous les jours dans un grand nombre de familles d'animaux de la classe inférieure, chez lesquels on ne rencontre ni nerfs, ni cerveau, et qui cependant se contractent et se meuvent dès qu'ils sont stimulés, tels sont les hydatides et les polypes.

On peut d'ailleurs remarquer que, dans les animaux les plus parfaits, il est des parties très-sensibles, et qui se meuvent sans qu'il en résulte aucune sensation, ce qui n'arriverait pas si les sensations étaient dues à la même cause que le mouvement musculaire. Il est certain, ajoute Crichton, que le cœur est très-peu sensible, et cependant il est doué d'une énergie de mouvement extraordinaire. J'ai vu, dit-il encore, l'iris blessée plusieurs fois dans l'opération de la cataracte sans que le patient donnât des signes de douleur, et cependant il n'est pas une partie du corps plus irritable que celle-là. Souvent un membre paralisé a perdu sa sensibilité, quoique ses muscles aient conservé leur irritabilité et la faculté de se mouvoir. Dans ces sortes de cas les nerfs qui se rendent aux muscles, sont dans un tel état pathologique et de compression, qu'il ne peuvent pas transmettre les impressions de la volonté; cependant si on applique à ces muscles un topique stimulant, si on les électrise, on les voit se contracter à l'instant. Enfin les artères d'un membre paralysé ne laissent pas de remplir leurs fonctions, quoique l'influence nerveuse soit considérablement diminuée.

Si l'on considère avec impartialité ces faits et ces observations on sera bien obligé d'en conclure que l'irritabilité est distincte du principe nerveux.

De ce que presque toutes les parties irritables du corps humain, telles que le cœur, les artères, l'estomac, les intestins, la vessie, l'urètere, sont musculaires, on en a conclu qu'aucune partie n'était irritable si elle n'était fibreuse, et que c'était la fibre irritable qui composait les muscles. Et on est allé presqu'à prétendre qu'on avait découvert des muscles dans les plantes. Mais cette conclusion n'est pas véritablement déduite des faits; à la vérité ils nous autorisent à penser que toutes les parties musculeuses sont irritables, mais non pas à conclure que ces parties sont les seules irritables.

On connaît beaucoup de polypes d'eau douce qui jouissent éminemment de la faculté de se mouvoir, et cependant on ne peut distinguer au microscope aucune sorte de fibre dans leur structure. Ce sont des corps très-mols composés d'une multitude de points gélatineux, enveloppés d'une membrane extrêmement fine. Mais sans aller plus loin, n'existe-t-il pas dans le corps humain un grand nombre de parties très-irritables, et dans lesquelles on ne distingue point de fibres; tels sont l'iris, l'utérus, les vaisseaux absorbant et exhalant tout le système lymphatique. Ainsi, si la sensibilité est particulière à un mode de structure, nous devons avouer que nous ignorons quel il est.

Ces observations prouvent que Crichton faisait une grande différence entre la sensibilité et l'irritabilité. Mais comme nous avons déjà fait voir dans nos considérations préliminaires que la sensibilité d'une partie était

démontrée par l'irritation ou la contraction
que lui fait éprouver la présence d'un stimulant ; ou, pour mieux m'exprimer encore, que
la contraction et la sensibilité étaient une seule
et même chose ; on doit en conclure évidemment que tout être organisé est sensible , on
peut donc également dire qu'organisation et
sensibilité sont deux termes synonymes ; et
il est aussi évident en physiologie que tout
corps organisé est sensible, qu'il l'est en ma-
thématiques que les trois angles de tout trian-
gle équivalent à deux droits.

Considérée sous ce rapport, la sensibilité est
une : on peut la regarder comme le résultat po-
sitif et inséparable de l'organisation ; partout
elle est la même et provient de la même cause ;
et si ses phénomènes sont extrêmement variés ,
cette diversité ne provient pas d'elle-même ,
mais de la différence des organes et des tissus
auxquels elle appartient, et de celle des stimulants qui peuvent la produire dans tel
organe, tandis qu'ils ne la produisent pas
dans d'autres.

Par exemple, si nous considérons nos sens

extérieurs, nous nous apercevrons que le son n'ébranle pas la vue; que la lumière n'ébranle pas l'ouïe; que ni le son ni la lumière n'ébranlent le tact, que les seuls sens qui seront susceptibles d'être ébranlés par un stimulus semblable, sont ceux du goût et de l'odorat, et encore parce que les émanations des corps sapides manquent rarement d'être odorants, cependant on observe que tout ce qui peut, que ce qui stimule la peau, stimule aussi la vue, l'ouïe, le goût et l'odorat, sans que cependant ces sens puissent nous rendre un compte exact des impressions qu'ils reçoivent dans les cas où le sens du tact est le seul qui soit propre à les juger. On voit donc que la sensibilité toujours identique par sa nature diffère relativement à nous par le tissu des organes et à cause de la diversité des stimulants.

Les pulpes nerveuses, les fibres musculaires sont des parties du corps humain également sensibles, seulement les nerfs sont les organes des sensations : et il faut bien distinguer les sensations de la sensibilité; celle-ci est commune à tous les corps organisés végétaux ou animaux, et celles-là n'appartiennent qu'à ces derniers, puisque l'une est une propriété inhérente à l'organisation, et que les autres sont des facultés qui n'appartiennent qu'aux êtres animés.

Si nous examinons un tissu depuis le plus serré jusqu'au plus lâche, depuis le plus dur jusqu'au plus mol, nous verrons que chacun d'eux a sa sensibité particulière, et que chacun s'approprie dans le torrent de la circulation générale l'humeur propre à sa nutrition, à son accroissement et à sa conservation. Nous verrons que le tissu osseux, malgré sa densité, est aussi sensible que tout autre, puisqu'il choisit dans le sang artériel les substances calcalcaires propres à le maintenir en bon état. En examinant à part chacun des organes de la nutrition, de la circulation, de l'absorption et des sécrétions, nous verrons aussi que les plus sensibles ne sont pas ceux où la fibrine et la substance nerveuse entrent en plus grande quantité.

Par exemple, on a reconnu que les artères où la circulation s'opère par l'impulsion mécanique du cœur, étaient beaucoup moins sensibles que les veines , dans lesquelles au contraire le sang noir circule par le moyen d'une force et d'une organisation qui leur sont particulières. Cependant la fibrine entre pour beaucoup dans la composition des canaux artériels toujours pénétrés et accompagnés par des nerfs , tandis que les canaux veineux ne reçoivent dans leur composition que de la gélatine.

Il n'entre, dit-on, ni nerfs, ni fibrine dans les vaisseaux chylifères et lymphatiques , et cependant on sait que de tous nos organes ce sont ceux qui jouissent de la plus grande sensibilité. Non seulement ils choisissent dans nos tissus et nos viscères des éléments porpres à former le chyle et la lymphe, mais ils composent eux-mêmes cette humeur réparatrice du sang.

L'urine , la salive , les larmes , la graisse n'arrivent pas tout formés dans les glandes et les tissus qui les secrètent , elles y sont élaborées, et séparées des autres substances , il faut donc que ces organes soient doués d'une grande sensibilité; cependant quelques-uns sont dépourvus de nerfs et de fibres musculaires; on voit donc que si leur vie particulière est sous la dépendance de la vie générale, ils jouissent d'une vitalité qui n'est propre qu'à eux.

On observe que du mouvement général des organes de la circulation, de l'absorption et des sécrétions qui ne pourraient être suspendues un seul moment sans que la mort en résultât aussi-tôt, il ne résulte cependant pour nous aucune sensation : j'ai déjà dit qu'il fallait bien distinguer la sensibilité de la sensation, qui ne résulte pas aussi immédiatement de la première que celle-ci résulte de la contraction. Mais avant d'aller plus loin examinons d'abord s'il est vrai qu'il ne résulte pour nous aucune sensation du mouvement général qui a lieu dans notre intérieur.

Si l'homme pouvait se rappeller ce qui s'est passé en lui au premier moment de sa naissance, en ce moment où il a commencé à vivre de sa propre vie; peut-être aurait-il le souvenir d'avoir éprouvé une sensation extraordinaire à l'instant même où l'air s'est introduit

dans ses poumons, et où la circulation artérielle est devenue réellement distincte de la circulation veineuse.

Au moment où, après un accès de syncope,
les organes de la vie nutritive reprennent leur
équilibre et rentrent dans l'état normal, n'é-
prouve-t-on pas je ne sais quelle sensation, mélange extraordinaire de douleurs et de plaisirs,
même avant d'avoir recouvré entièrement l'u-
sage de ses facultés intellectuelles?

Tant que les fonctions vitales se font régu-
lièrement, n'éprouve-t-on pas un sentiment de
bien-être qui suffit au bonheur de l'homme
sans passions; et quand ces mêmes fonctions
subissent quelque trouble ou dérangement
considérable, n'éprouve-t-on pas au contraire
un sentiment de mal-être qui suffit souvent
pour déranger tout l'ordre des facultés intellectuelles? Si l'on ne veut pas appeler cela des
sensations qui nous sont fournies par un
sixième sens, que j'appellerai le sens intime,
et dont je démontrerai l'existence; je demande-
rai ce que l'on entend par sensation.

Crickthon, voulant fixer les lois de la sensibi-

lité ou de l'irritabtilié, établit les axiomes suivants, qui ne sont, en grandes parties, que
des modifications de ceux déjà présentés par
Fontana et Girtanner.

1° « Lorsque, selon lui, une partie irritable
a été mise en action par un stimulant quelconque, il faut nécessairement qu'elle entre
en repos avant de pouvoir entrer en action de
nouveau. »

Ce prétendu axiome est fondé sur ce que les
muscles, dépendants de la volonté, ne sont
susceptibles que d'une action d'une certaine
durée, au-delà de laquelle cette action cesse
d'avoir lieu, quoique l'individu veuille la con-
tinuer.

Mais nous sentons tous les jours que, pour
les muscles de locomotion, et de nos autres
mouvements de rapports, le besoin du repos vient aussitôt que la fatigue nous le
fait éprouver, et que, dès ce moment, nous
cessons d'avoir la volonté de les faire agir, à
moins que cette volonté ne soit encore forcée
par des circonstances impérieuses, à leur imprimer le mouvement, dans ces cas urgents

ils ne résistent à l'empire de la volonté qu'après
une fatigue extraordinaire, et lorsque l'énergie musculaire ayant été totalement épuisée,
il ne reste plus de sensibilité particulière à ces
organes.

Toutefois Crickthon, pour mieux appuyer
cet axiome, qui paraît n'appartenir qu'à lui
seul, vient nous dire qu'après toutes contractions d'une artère, il y a repos, quoique le
sang soit toujours appliqué à la surface de cet
organe. A ce sujet, je ferai observer que la
circulation artérielle étant purement mécanique et dépendant du mouvement impulsif imprimé au sang par le cœur, on en doit conclure que la pulsation du pouls et sa rémis-
sion, ne sont autre chose que des mouvements
qui ne peuvent jamais cesser entièrement, non
plus que ceux de syrsole et de dyastole, qu'avec
la vie; et, sans aller plus loin, je conclurai de
ces observations, que l'auteur anglais dont il
s'agit ici, a raisonné d'après une circonstance
pathologique pour établir une loi de physiologie : ce qui ne peut certainement être une
bonne manière de philosopher; car on ne

prouve jamais un principe général par des exceptions.

Le second axiôme et le troisième sont de véritables logomachies quand on les traduit littéralement. «Chaque partie irritable a certaine irritabilité qui lui est naturelle; elle en perd une partie durant l'action, ou d'après l'application d'un stimulant; et, par un procédé qui nous est inconnu, elle regagne cette quantité pendant le repos. »

Mais dans les êtres organisés, rien ne s'opère que par le mouvement, donc aucune partie ne peut rien regagner pendant le repos.

Au reste, voici comment l'auteur anglais a expliqué son idée. L'irritabilité est plus ou moins abondante, ou plus ou moins rare.

Elle devient surabondante dans une partie lorsque cette partie est privée de ses stimulants naturels, ou lorsqu'ils lui sont retirés pendant un certain temps, parce qu'alors aucune action ne peut avoir lieu; au contraire, elle s'épuise ou elle finit par manquer entièrement, nonseulement par l'action des excitants, mais par je ne sais quelle influence secrète dont la nature n'est pas encore bien connue : car il est une circonstance bien remarquable , c'est qu'une partie, ou un corps peut être privé entièrement de son irritabilité par certains stimulants puissants , quoiqu'on ne remarque aucune augmentation apparente , ni dans l'énergie musculaire, ni dans l'action vasculaire.

D'abord , d'après ces idées bien singulières, il semblerait qu'une partie paralysée devrait être plus irritable que toute autre, puisqu'elle est privée de ces excitants naturels , et que la sensibilité au contraire devrait diminuer dans l'estomac, les intestins, à mesure qu'on leur procure les stimulants qui leur conviennent ; et l'on m'avouera qu'il est impossible, sans tomber dans l'absurdité, de soutenir ni l'une ni l'autre de ces propositions.

Quand on veut toutefois les appuyer sur l'action de quelques poisons très-actifs, on ne réfléchit pas que l'effet de ces terribles ingrédiens est de détériorer les fluides et les humeurs, et conséquemment de priver immédiatement tous les organes de leurs stimulants naturels, c'est-à-dire de ceux que la nature a destinés à leur conservation.

Quand le professeur Blumenbach, de l'Université de Gottingue, aurait fait mourir subitement mille chiens, en leur perçant l'oreille avec un stylet imprégné du jus de certaine plante dont les sauvages du midi de l'Amérique empoisonnent leurs flèches, cela ne prouverait rien autre chose sinon que ce violent poison a la puissance de détériorer subitement les stimulants nécessaires à la vie des chiens, et de tous les animaux, avec la promptitude de l'éclair.

Le quatrième axiôme est beaucoup plus raisonnable que les trois précédents : car il se borne à dire que chaque partie irritable a des stimulants qui lui sont particuliers, et qu'elle est organisée pour en recevoir l'action.

En effet, dans tous les animaux, chaque organe, comme le cœur, l'estomac, les entrailles, les artères, les veines, les nerfs, les vaisseaux absorbants doivent être considérés comme des corps doués chacun d'une sensibilité particu-

lière, qui appelle telle substance propre à les
conserver en leur état normal, tandis qu'elle
repousse toutes celles qui pourraient leur cau-
ser une affection morbide particulière, d'où
résulterait une maladie générale : car il y a
entre toutes les parties des corps organisés,
un tel concours particulier à l'action commune, que, de l'action régulière de toutes,
il résulte l'état normal de chacune, et que
des moindres aberrations dans les fonctions
de l'une d'elles, on doit s'attendre à une
maladie plus ou moins grave, et même à
une mort plus ou moins prompte, selon le
degré de lésion que cette fonction éprouve,
et selon son importance particulière.

En effet, chaque organe ayant une importance plus ou moins grande dans l'économie, ses lésions et ses aberrations ont des résultats proportionnels à cette importance.

Si un organe essentiel, au lieu de ne céder
qu'à l'impulsion de son stimulant naturel, se
laissait pénétrer par un autre; si, par exemple,
les poumons, au lieu de repousser l'azote et
l'acide carbonique, les recevaient, et rejetaient

l'oxigène, la mort s'en suivrait immédiatement;
il en serait de même si le cœur, au lieu de
céder à l'impression du sang artériel et à celle du
fluide nerveux qui le pénètrent, s'y montrait
un seul moment insensible. On peut en dire
autant du système artériel : la mort de tout
organe où il cesserait de porter le sang, serait
immédiate. Mais les systèmes veineux et lymphatiques peuvent admettre des humeurs vi-
ciées, et leur sensibilité peut être altérée ou
exaltée par la présence de ces stimulants
contraires à leur nature, sans qu'il en résulte
autre chose qu'un état de débilité ou d'inflammation.

C'est donc à la fois de la sensibilité particulière de chaque organe, de chaque tissu, et de
l'application régulière du stimulant propre à
chacun d'eux, que dépendent l'harmonie générale, l'intégrité des fonctions, et quelquefois
la vie entière. Mais la mort n'est jamais subite
que lorsque des organes principaux, par exemple le cœur, le centre nerveux, ayant perdu
leur sensibilité, ou se trouvant privés de
leur stimulant naturel, cessent tout-à-coup,

l'un de porter, avec le sang rouge, l'autre, avec le fluide nerveux, le principe du mouvement. Pour ne pas nous répéter, nous bornerons ici nos considérations sur cette matière à laquelle nous reviendrons dans la suite de cet ouvrage.

Nous continuerons toutefois dans ce paragraphe l'examen des axiômes de *Crickton*.

Axiôme V. « Chaque partie irritable diffère des autres sous le rapport de la quantité d'irritabilité qu'elle possède. »

« C'est ce qui nous explique pourquoi certains muscles, par exemple ceux de la volonté, peuvent rester long-temps en action, et ont besoin d'un long repos, tandis que le cœur, les artères, les muscles des intestins n'ont qu'une action courte et soudaine, et un repos proportionnel. »

Mais nous avons déjà fait voir que ce prétendu repos du cœur et des muscles intestinaux n'était autre chose qu'un mouvement oscillatoire ou de balancement, car s'il y avait cessation de mouvement, pendant une seconde, de la part du cœur, il y aurait syncope.

Axiôme VI. « L'action de tous les stimulants est proportionnelle à leurs pouvoirs irritants. »

Axiôme VII. « L'action de chaque stimulant est en raison inverse de sa fréquente application. »

Pour que le premier de ces axiômes fût vrai, il faudrait y ajouter, et à *l'irritabilité de la partie sur laquelle ils sont appliqués*. Ici, et dans presque toutes les circonstances, l'irritabilité est synonyme de faiblesse, du moins dans le sens où nous l'employons. Ne sait-on pas que des organes digestifs, qui, dans l'état normal, supportaient des stimulants très-forts, s'irritent à l'approche des plus faibles, après qu'ils ont été excités outre mesure ?

Quant au second, il peut être vrai quand on l'applique aux stimulants externes, mais sa fausseté est démontrée par l'expérience quand on l'applique à ceux dont l'existence continuelle est le principe de tous les mouvements organiques.

Nous reviendrons sur ce sujet important quand nous parlerons de l'influence des habitudes et du régime sur la sensibilité, sur les sensations et sur la perception.

Axiôme VIII. « Plus l'irritabilité est accumulée dans une partie, plus cette partie est disposée à être sur-excitée. »

« C'est pour cette raison que l'activité des animaux est plus grande le matin qu'à toute autre heure du jour, parce que l'irritabilité des muscles destinés aux mouvemens volontaires s'est accumulée pendant la nuit. « C'est encore d'après la même loi que Crickthon explique pourquoi la digestion se fait plus rapidement une heure après le repas qu'en toute autre temps; c'est pour cela, dit-il, qu'il est du plus grand danger de recommencer à manger avant l'expiration de cette première heure.

Voilà des observations qui sont bien loin de se trouver toujours conformes à la vérité. Presque généralement, chez l'homme comme chez les autres animaux, les muscles se trouvent dans un état d'engourdissement après le sommeil, et il est un grand nombre d'individus chez lesquels la digestion se fait très-lentement, et ce sont ordinairement ceux dont l'estomac est doué de plus d'énergie, et où par conséquent la trituration se trouve la plus complète avant que les aliments passent dans les viscères abdominaux, chez qui, pour cette raison, le chime est le mieux préparé, et la chylification plus parfaite.

Que signifie d'ailleurs cette expression *irritabilité accumulée dans une partie ?* est-ce qu'il en est d'une propriété inhérente à un corps comme d'une chose qui lui soit étrangère ? cette propriété peut être altérée, alors elle a besoin d'être rétablie dans son état normal, mais elle y revient d'elle-même quand par l'action des stimulants les organes ont repris leur état premier.

Ces idées de Crickton sont absolument celles de Brown, et l'on sait dans quel discrédit est tombée, aux yeux de nos physiologistes, la doctrine de ce médecin écossais.

Je crois avoir prouvé jusqu'à présent que l'irritabilité et la sensibilité n'étant qu'une seule et même propriété, la sensibilité appartient à tous les êtres organisés, et qu'elle ne diffère dans ses résultats qu'en raison de l'organisation diverse des végétaux et des animaux, et même des différences qui existent entre les nombreux tissus qui entrent dans la constitution du même individu.

Si l'on me dit que la sensibilité des animaux tient à ce qu'ils ont tous un point central avec lequel toutes leurs parties sont en rapport commun, je répondrai qu'à la vérité on aurait raison s'il s'agissait de sensations, mais que les sensations sont des facultés propres aux animaux, tandis que la sensibilité est la propriété universelle de tous les êtres organisés.

J'oserai même dire: qui sait si quelque plante, telle par exemple que la sensitive, n'éprouve pas de sensations? Quand mon bras est devenu étranger à mon corps, il l'est aussi à mon centre de perception, et il n'est plus sensible pour moi; je ne recule plus lorsqu'il est touché par un stimulant désagréable parce qu'il ne me fournit plus de sensations. Eh bien! quand une branche de sensitive a été détachée de sa tige, elle est aussi bien que mon bras insensible à toute espèce de stimulant, donc son insensibilité vient de ce qu'elle est détachée du tronc, donc elle avait un centre de perception. Mais en vérité ce serait aller trop loin que de vouloir tirer sérieusement une semblable conclusion toute naturelle qu'elle puisse paraître.

Il suffit quant à présent que j'aie suffisamment démontré que vie, organisation, sensibilité et mouvement sont quatre choses inséparables.

Je vais examiner maintenant la nature des stimulants, c'est-à-dire leurs rapports avec les êtres organiés.

§. I.

Des stimulants.

Il est constant que la sensibilité n'est qu'une propriété, ou du moins nous croyons l'avoir suffisamment démontré; mais comme aucune propriété de la matière soit brute, soit organisable et même organisée, ne peut être mise en évidence, ou du moins que l'on ne doit en attendre aucun effet s'il ne se présente pas des circonstances capables d'en produire la manifestation, il en résulte que les tissus qui constituent les animaux n'entrent en fonctions, qu'autant qu'ils se trouvent en contact avec une cause qui puisse les exciter et mettre en jeu leurs propriétés. Quelques exemples sensibles suffiront pour prouver la vérité de ce que nous avançons à cet égard.

1°, Si un corps brute est en équilibre sur un autre corps, il restera immobile tant qu'une cause quelconque ne viendra pas le tirer de cet état.

2°, Le grain ne se développera pas si vous le mettez en contact avec l'humidité indispensable à son développement.

3°, Le germe d'un animal a besoin pour se développer de se trouver dans des circonstances favorables à la nutrition des parties qui le constituent.

Si les œufs de certains animaux ne demandent pour se développer que le contact de la partie séminale du mâle, et un milieu convenable, d'autres ne se développeraient pas sans l'incubation simple, et d'autres plus résistants encore ne se développent qu'autant qu'ils reçoivent de la mère qui les porte, les transmissions de certains sucs qu'ils absorbent, et dont ils font leur profit.

Dans les trois exemples que je viens de citer, je vois le commencement du mouvement et de la vie. Celle-ci n'est qu'un mouvement entretenu par une cause favorable et sans cesse renouvelée, et surtout appropriée à la nature de l'individu qui a commencé à vivre.

Ce commencement de vie ne ressemble ni au milieu ni à la fin. Il a eu lieu parce que des circonstances ont développé le germe; il continuera, si des circonstances analogues non plus au germe, mais au germe déjà développé, se présentent toujours; et si ces circonstances ne changent pas pour lui devenir contraires, il suivra le cours de sa vie naturelle jusqu'à la disparution de ses éléments primitifs, sans cesse emportés et réunis dans le dépôt général de la matière organisable par les fluides impalpables, incoërcibles, et par conséquent inappréciables, qui parcourent en tout sens le globe que nous habitons, et probablement tout l'univers.

Je citerai encore un exemple. Je place un grain de blé dans l'eau : le voilà qui se développe; il jette un brin de verdure, mais bientôt cette herbe meurt, parce qu'elle ne trouve pas dans cette eau les conditions nécessaires à une existence plus longue.

Nous n'examinerons pas ici quels sont les stimulants nécessaires aux végétaux : ils ne peuvent les choisir, il faut qu'ils croissent ou qu'ils périssent où la nature et la main de l'homme les a placés. Il serait d'ailleurs trop long d'entrer à cet égard dans un examen particulier relativement à chaque espèce, et même relativement à celles qui composent le genre des animaux. Ce serait d'ailleurs sortir des bornes que je me suis prescrites, puisque l'homme est le principal sujet de cet ouvrage.

Voyons donc quels sont les principaux stimulants nécessaires à l'existence de l'homme, une fois que la nature l'a jeté sur la surface de notre globe.

Je les diviserai en deux sortes, qui sont les stimulants intérieurs et les stimulants extérieurs. Parmi les premiers, les uns sont continuellement indispensables à l'entretien de la vie, tandis qu'elle n'exige pas une continuelle application des autres. Quant aux stimulants intérieurs ils sont, constamment, et sans aucune exception, indispensables au maintien de l'organisation et du mouvement.

Le premier stimulant extérieur, nécessaire à l'homme, ainsi qu'à presque tous les animaux qui se rapprochent de lui, est immédiatement après la naissance l'air atmosphérique. Ce stimulant est une condition indispensable à la continuation de la vie ; sans sa présence dans les poumons la mort aurait lieu presque sur-le-champ, peu de jours du moins suffiraient pour faire rentrer dans l'ordre des êtres purement physiques, celui que la nature a employé neuf mois à organiser dans le sein maternel. Nous savons qu'un fœtus acéphale peut encore vivre quelque temps lorsqu'il est séparé de sa mère ; il n'a pas encore respiré et meurt d'inanition : mais l'asphyxie tue promptement irrévocablement celui qui a respiré une fois. En effet, dans le fœtus

le poumon était comprimé ; mais au moment
même de la naissance l'introduction de l'air
dan scette partie y cause une dilatation, et
une révolution dont le résultat est d'en opérer une seconde dans tout le système de la
circulation. Le sang qui retournait au placenta pour y recevoir de la mère une nouvelle
énergie vitale, se portera désormais dans le
poumon par la voie d'une circulation toute
nouvelle, que nous appelons la petite circulation ; c'est de là qu'après être retourné au
cœur par les veines, après s'y être mêlé avec
le chyle et la lymphe, il passe tout entier
dans le poumon pour s'y mêler avec les principes vivifiants de l'air ; et ce sont ces principes qui seuls lui rendent les qualités propres
à fournir à l'entretien de nos divers organes.
S'il ne rencontrait pas ces principes dans l'organe pulmonaire, ou il ne retournerait pas au
cœur, ou, s'il y retournait, ce serait sans avoir
les qualités propres à stimuler les fibres musculaires de cet organe, dont le mouvement
cesserait, et la cessation de ce mouvement
serait aussi la cessation de la vie.

L'air est donc le stimulant le plus indispensable à l'existence de l'homme : il agit d'ailleurs
sur la peau, la frappe et la pénètre du calorique dont il est le conducteur; et sous ce rapport
si son contact immédiat n'est pas une condition continuellement nécessaire à la vie, il
contribue puissamment à l'équilibre des fonctions de la peau qui ont une si grande influence sur celles des organes de la digestion.

Parmi les stimulants extérieurs dont la présence n'est pas constamment indispensable à
l'entretien de la vie, nous compterons les
aliments solides et liquides.

Nous pouvons considérer les aliments comme des stimulants agissant immédiatement
sur la sensibilité de l'estomac et des intestins,
ensuite sur les nerfs, et enfin comme des matériaux propres à réparer les pertes continuelles du sang, qui soutient l'action du cœur
et des artères.

Les aliments maintiennent aussi dans son
état naturel la force musculaire de l'estomac et
des intestins, celle des vaisseaux qui secrètent
les fluides gastriques ainsi que celle des absor-

bants et par conséquent de tout le système sanguin. Il n'est pas nécessaire que par le moyen de la circulation ils aient passé dans nos organes pour que leur présence dans l'estomac augmente immédiatement notre force et notre énergie. Leur application à la surface de l'estomac suffit pour produire cet effet dans toutes les parties de notre corps. Qu'un homme , accablé de fatigue et privé d'aliments depuis long-temps , prenne un peu de nourriture , elle n'a pas plus tô pénétré jusqu'à son estomac qu'il sent ses forces musculaires renaître aussi bien que ses forces intellectuelles ; un sentiment de bien-être se répand aussitôt dans toutes les parties de son organisation. Et cependant ces aliments sont encore loin d'être convertis en chyle et d'avoir passé dans la circulation.

C'est que l'application d'un stimulus sur l'estomac agit d'autant plus promptement et d'autant plus généralement que la privation a été plus longue. Son action se porte immédiatement sur de nombreux filets du grand sympathique. Celui-ci la communique à toute la moëlle épinière , qui, à son tour, ré gissant sur le grand sympathique , augmente l'énergie du cœur dont le mouvement accéléré porte avec rapidité le san g dans tous les organes , tandis que de son côté le pneumo-gastrique porte à la moëlle allongée dont il tire son origine le : entiment de bien-aise qu'éprouve l'estomac et les intestins.

C'est pour cette raison qu'un individu qui, après avoir souffert une longue abstinence , mange inconsidérément , et avale vite , éprouve le même effet que s'il eût bu une grande quantité de vin et de liqueur. Il arrive même souvent que la moindre quantité d'aliment prise après une longue abstinence cause la mort. Ces cas sont trop nombreux pour qu'on ait besoin d'en rapporter des exemples.

Voici un fait à l'appui de ce que je viens de dire. On trouve dans les Mémoires de la Société philosophique de Manchester le récit suivant : « Certaine partie d'une mine de char-
» bon s'écroula, et l'un des ouvriers fut en-
» fermé dans une des galeries de cette mine.
» Ses compagnons ne purent parvenir à lui

» ouvrir un passage que huit jours après cet
» incident; ils le trouvèrent couché sur le
» ventre dans une cavité qu'il était parvenu à
» creuser. Il était encore vivant; il s'adressa à
» l'un de ses compagnons, et lui demanda
» quelque chose à boire. On lui donna de l'eau
» de gruau de dix en dix minutes, et en petite
» quantité : c'était ce qu'on pouvait lui donner
» de meilleur. Mais dès le jour suivant il fut
» porté à sa maison par ses compagnons qui
» furent obligés de s'ouvrir un passage. Arrivé
» chez lui, on le met au lit. Il ne fut pas plus
» tôt couché que son pouls diminua d'instant
» en instant, et que bientôt il expira sans
» efforts. » Mais ici c'est l'air et la chaleur du
lit qui ont causé la mort ; et il est probable
que l'ouvrier dont il s'agit aurait continué de
vivre si on ne l'eût pas exposé au grand air en
le tirant d'un trou où il était resté huit jours
sans pouvoir respirer librement.

Quoiqu'il soit vrai que l'homme puisse,
plus long-temps qu'aucun autre des animaux
les plus parfaits, soutenir l'abstinence par des
raisons psycologiques qui sont propres à son

espèce, quoiqu'enfin chez tous les animaux la réparation du sang puisse avoir lieu assez long-temps par le moyen du systême lymphatique qui retire des autres organes des matériaux nécessaires à l'entretien de la circulation, il n'en est pas moins vrai que la présence des aliments dans l'estomac ou dans les intestins, est nécessaire à l'intégrité de la vie, et que l'individu n'est pas dans un état de santé lorsque des organes aussi importants sont pris d'un stimulant qui leur est indispensable. La vie se prolonge à la vérité, mais elle devient de plus en plus douloureuse, et avant d'expirer, l'individu doit passer par les convulsions de la rage et par tous les égarements de l'esprit.

Les stimulants préparés par l'art, ou que la nature a préparés d'elle-même, ne sont pas propres à tous les estomacs. Cet organe se fait à lui-même une sorte d'éducation d'après laquelle il semble diriger celle du goût.

Ce sens appartient essentiellement à l'instinct, parce que conjointement avec l'odorat il sait reconnaître les substances qui conviennent à la nutrition, mais on le voit s'habituer bientôt à des saveurs qui lui avaient déplu d'abord lorsque l'estomac s'est lui-même habitué aux corps dont elles émanent.

Il est telles viandes dont l'odeur et la saveur ont long-temps révolté notre odorat et notre goût, auxquelles nous finissons par nous accoutumer, et que nous recherchons ensuite de préférence aux autres.

Celui qui n'a jamais bu que de l'eau, ne souffre d'abord qu'avec répugnance l'odeur et la saveur du vin, mais l'exemple finit par l'engager à en boire : c'est d'abord avec peine, bientôt c'est avec plaisir, et enfin sa première répugnance se convertit en une passion, qui souvent lui fait rechercher les liqueurs spiritueuses les plus violentes.

Il en est de même des aliments solides : nous habituons notre estomac à ceux qui eussent d'abord excité le plus grand dégoût et ensuite des nausées et des vomissements, et nous finissons par les aimer lorsque ce viscère s'y est habitué.

Enfin l'estomac, le goût et l'odorat s'habituent aux substances les plus nuisibles à l'économie animale. Ces deux sens finissent même par s'y complaire à un tel point, que les hommes qui cèdent à leurs désirs, finissent par abréger leurs jours.

Le poison dont Mithridate faisait usage, était-il du nombre des corrosifs ? Si cela était, il faudrait que l'estomac, comme nos organes extérieurs qui s'habituent au chaud et au froid les plus violents, et deviennent insensibles aux lésions tranmatiques qui ont été d'abord très-douloureuses pour eux, pût lui-même supporter aussi des substances déchirantes et dévorantes.

Je sais que l'on habitue dans certains cas et dans certaines maladies, les hommes à prendre des doses d'opium et de ciguë dont le quart leur eût causé la mort, s'ils l'eussent pris avant d'avoir contracté cette habitude. Mais ces poisons ne tuent qu'après qu'ils se sont assimilés, ils n'exercent pas leur principale action sur l'estomac, mais sur le sang, les nerfs et toutes les fonctions en même temps.

On sait d'ailleurs que l'abus des aliments,

et surtout des boissons, émousse la sensibilité des organes de la digestion, et détruit en même temps les facultés intellectuelles.

A la longue on peut s'habituer à prendre une quantité considérable d'aliments solides, de beaucoup supérieure à celle qu'exige la réparation des organes, et à la capacité naturelle de l'estomac. Trop de nourriture fatigue cet organe la première fois; la seconde il la fatigue un peu moins; enfin il finit par s'habituer à cet excès, et le supporte sans douleur actuelle; il est même des individus qui deviennent des mangeurs insatiables, mais ce n'est jamais sans détriment pour leur intelligence et sans un dérangement plus ou moins prochain de leur santé. Vitellius s'était habitué à manger continuellement ; lorsque son estomac était trop rempli, il s'excitait au vomissement en se faisant chatouiller la gorge avec une plume, et quand il avait vomi, il se remettait à table. Aussi Vitellius fut-il le plus stupide et l'un des plus cruels empereurs romains.

On s'habitue également à l'excès des boissons, et on finit par en supporter une quantité considérable, et par s'accoutumer à un état d'ivresse continuel. Mais cet état est celui de l'abrutissement. Plus de mémoire, plus d'intelligence, plus de raison.

La privation et l'abstinence des aliments volontaires ou forcée exalte l'imagination jusqu'au délire. L'excès contraire l'abat jusqu'à la stupidité.

Lorsqu'un homme bien constitué a pris un repas frugal et suffisant, il sent toutes ses facultés dans l'état d'équilibre le plus parfait, il éprouve un sentiment de plaisir intérieur indéfinissable : ses forces sont réparées, ses mouvements sont libres ; cependant pendant la première heure de la digestion ses facultés intellectuelles éprouvent une sorte de gène et d'entrave, les nerfs des mouvements involontaires occupés alors à l'opération la plus importante de la vie, à celle qui tend à la conservation de l'animal, semblent en quelque manière absorber toutes les facultés du centre célébral et de la moelle épinière. L'individu éprouve en quelque sorte une jouissance secrette ; cette jouissance ne saurait être interrompue par le

travail de l'esprit sans se convertir en un malaise qui peut devenir dangereux. En général la
digestion chez l'homme même le plus sobre,
exige le repos de l'esprit, elle sollicite quelquefois le sommeil et ne permet jamais qu'un
léger exercice. Tant il est vrai que toutes les
fonctions de l'homme sont dans une dépendance absolue l'une de l'autre, et que quand
les forces sont occupées à en remplir une,
elles ne suffisent plus pour les autres.

On voit par-là que le cerveau de l'homme est le
juge compétent de ce qui convient à l'estomac.
C'est le cerveau qui prononce sur nos sensations extérieures, c'est aussi lui qui prend
connaissance de nos besoins intérieurs, qui
détermine en nous la volonté de les satisfaire;
tandis que c'est la moelle épinière qui produit
les mouvements nécessaires à l'exécution de
cette volonté. Quand je dis j'ai faim, c'est que la
pneumogastrique a porté au cerveau la connaissance des besoins de l'estomac, et quand je sens
que je n'ai plus faim, c'est que la même paire de
nerfs a fait également connaître au cerveau la
satisfaction de cet organe. Or de cette double

connaissance de la faim et de la satisfaction,
il résulte que l'homme ne peut être porté à
manger au-delà de son besoin sans que l'ordre des choses naturelles soit troublé, sans
que l'harmonie des fonctions de la vie nutritive et de la vie animale soit altérée, en un
mot sans qu'il en résulte à la fois un état
pathologique des organes dela digestion, de
tout le systême nerveux qui leur est propre,
et bientôt une altération de l'intelligence.

« Par sa grande influence sur toutes les
» parties du systême nerveux et notamment
» sur le cerveau, l'estomac peut souvent faire
» partager ses divers états à tous les organes.
» Par exemple, sa faiblesse jointe à l'extrême
» sensibilité de son orifice supérieur et du
» diaphragme, se communique rapidement
» aux fibres musculaires de tout le corps en
» général; peut-être même ces communica-
» tions ont-elles lieu relativement à quel-
» ques muscles particuliers par l'entremise
» directe de leurs nerfs et de ceux de l'esto-
» mac sans le concours du centre cérébral

11.

» commun (1). Quoi qu'il en soit, la vive
» sensibilité, la mobilité, la faiblesse du
» centre phrénique, sont constamment ac-
» compagnés d'une énervation plus ou moins
» considérable des organes moteurs, et par
» conséquent les idées et les affections mo-
» rales doivent présenter tous les caractères
» résultants de ce dernier état. »

« Mais comme l'action immédiate de l'esto-
» mac sur le cerveau est bien plus étendue que
» celle du sytême musculaire tout entier, il
» est évident que ses effets seront nécessaire-
» ment plus marqués et plus distincts dans
» la circonstance dont nous parlons. Toute
» attention deviendra fatigue, les idées s'ar-
» rangeront avec peine, et souvent elles reste-
» ront incomplètes : les volontés seront in-
» décises et sans vigueur, les sentiments
» sombres et mélancoliques, du moins pour
» penser avec quelque force et quelque faci-

---

(1) Nous ferons voir plus loin comment cette communication a lieu.

» lité, pour sentir d'une manière heureuse et
» vive, il faudra que l'individu sache saisir
» ces alternatives d'excitation passagère qu'a-
» mène l'égal emploi des facultés; car la mau-
» vaise distribution des forces commune à
» toutes les affections nerveuses, est spéciale-
» ment remarquable dans celles dont l'esto-
» mac et le diaphragme sont le siège primi-
» tif (1). »

Lorsque, comme je l'ai déjà dit, la vacuité
de l'estomac est complète, et que le cerveau
éprouve le sentiment de la faim dans toute
son extension, l'imagination s'exalte et les
objets paraissent autrement qu'ils ne sont :
une douleur presque déchirante se fait sentir
au diaphragme, et si cette douleur persiste,
elle ne tarde pas à produire une sorte de délire
auquel on voit souvent succéder le désespoir et
la fureur, si l'individu qui éprouve la faim n'a-
perçoit autour de lui aucun moyen de la faire
cesser. L'aspect seul d'une substance alibile,

(1) Cabanis : *Rapport du physique et du moral*, t. I,
p. 427.

joint à la possibilité de la saisir suffit quelquefois pour faire cesser la douleur déchirante
de l'estomac, et la faiblesse musculaire résultant du défaut de nutrition. On a vu dans les
armées mille exemples de ce fait ; il a suffi
souvent à Bonaparte d'annoncer à ses troupes
abattues par la fatigue, et toutes sortes de
privations, qu'elles trouveraient des vivres
au-delà des lignes occupées par l'ennemi pour
leur donner le désir, le courage et la force de
les attaquer et de les forcer. D'après des faits
aussi authentiques on ne peut nier que le
cerveau, n'ait indépendamment de la nutrition une puissante influence aussi bien sur les
muscles soumis à la volonté que sur ceux qui
ne sont point sous sa dépendance immédiate.

Néanmoins cette influence n'est qu'éphé-
mère, et ne peut durer qu'autant qu'il reste
assez de force aux organes pour obéir à l'impulsion momentanée que peuvent imprimer à
la force musculaire un grand courage, un désir
ardent et une passion énergique. Mais la violence de cette impulsion finira par épuiser de
plus en plus les organes et elle sera bientôt

suivie d'un abattement total, si l'espérance qui l'a inspirée se trouve déchue, c'est-à-dire, si arrivé au-delà de l'obstacle qu'elle a donné la force de franchir, l'homme ne trouve pas les substances alibiles qui étaient l'objet de ses désirs, et qui seules peuvent réellement satisfaire à ses besoins.

Nul doute que le cerveau et l'estomac n'aient une grande influence l'un sur l'autre, j'ai dit que le premier était le juge et le seul juge des besoins du second.

La faim lui fait éprouver un sentiment douloureux, et la satisfaction de ce besoin lui fait éprouver celui d'un double plaisir.

Si la nature bienveillante semble avoir attaché ce double sentiment à cette satisfaction de nos besoins de toute espèce, c'est particulièrement dans celle de la faim et de la soif qu'il se fait remarquer de la manière la mieux caractérisée.

Calmer une douleur, car la faim et la soif en sont de véritables, flatter le sens du goût, qui de tous est le plus insatiable, telle est la double source de ce double plaisir. Faire cesser une douleur est sans doute une jouis-

sance, puisque le sort de l'homme sur la
terre est de souffrir et de jouir, et que la fin
d'une peine est le commencement d'un plaisir;
flatter le sens du goût; certes il est pour ce sens
des plaisirs plus ou moins grands, plus ou
moins vifs, selon la nature des aliments,
mais il cesse d'être délicat dès que la faim commande, plus de répugnance alors, tout ce qui
peut s'assimiler à nos organes nous convient
et nous plaît.

Lorsque la faim est satisfaite, le cerveau
s'en aperçoit à l'instant même. Un sentiment de
bien être s'y manifeste, et lorsque l'estomac
n'est point encore dépravé par l'habitude des
excès, les mets que nous avions recherchés avec
empressement et dévorés avec avidité, nous
inspirent du dégoût et de la répugnance. Dans
ce cas cependant il n'y a rien de changé ni
dans l'organe du goût, ni dans le centre du
sentiment, l'estomac seul a éprouvé une révolution, c'est-à-dire que, de vuide qu'il était,
il est devenu plein, voilà tout. Il y a certainement entre nos organes essentiels et nos sens une
telle corrélation qu'il ne puisse rien se passer
dans les uns qui ne réagisse sur les autres, et

dans le cas dont il s'agit, ce n'est pas seulement le sens du goût, mais ce sont encore ceux de la vue et de l'odorat, qui éprouvent de la répugnance à l'approche d'un mets qui, il n'y a qu'un moment, avait causé un égal plaisir à l'un et à l'autre.

Le premier excès en aliments solides, est également pénible pour l'estomac et le centre cérébral; mais insensiblement les gourmands habituent leurs estomacs et leurs entrailles à des sur-excitations qui deviennent bientôt des besoins, et dans ces cas les sens et le centre cérébral finissent aussi par s'habituer aux excès du ventre, et par trouver du plaisir à ces surexcitations si rebutantes et si pénibles pour eux avant que l'estomac ne s'en fût fait un besoin.

Certes, ces excès qui sont particuliers à l'homme, et si nuisibles à sa santé, n'auraient jamais lieu si nous ne nous laissions jamais séduire par de pernicieux exemples, et si nous obéissions au jugement irréfragable que portent toujours le cerveau et le sens du goût, de l'odorat, et même de la vue sur les besoins de l'estomac. Malheureusement il n'en est pas ainsi, et le nombre des gourmands est immense, il augmente tous les jours, et celui des êtres grossiers, insolents et stupides, augmente en proportion.

« L'influence des aliments sur l'économie
» animale, » dit Cabanis (1), « est très-éten-
» due. Ses effets sont très-profonds et très-
» durables ; agissant tous les jours et par des
» impressions qui se renouvellent pour l'or-
» dinaire plus d'une fois dans vingt-quatre
» heures, qui même chaque fois se prolongent
» pendant un certain espace de temps ; cette
» influence serait incalculable, si, comme
» nous venons de l'indiquer elle ne s'affai-
» blissait par la simple habitude, et si elle
» ne tendait à s'affaiblir d'autant plus, que
» certaines circonstances particulières ont
» pu lui donner accidentellement plus de
» force et de vivacité. »

« Les aliments ne réparent point le corps
» des animaux par la seule quantité des sucs

---

(1) *Rapports du physique et du moral*, t. II ; p. 45 et suivante, édition de 1815.

» propres à l'assimilation qu'ils contiennent
» et fournissent : ils le réparent encore, et
» plus puissamment peut-être par le mou-
» vement général que l'action de l'estomac et
» du système gastrique imprime et renou-
» velle. Aussi leur influence sur l'état de
» l'économie animale paraît dépendre beau-
» coup moins de la nature de ces sucs que
» du caractère et du degré de cette impulsion.
» Car bien que plusieurs aliments remar-
» quables par certaines apparences extérieu-
» res, ou chimiques ; tels que les farineux,
» les substances muqueuses, les graisses ou
» les huiles, produisent certains effets cons-
» tants qu'on rapporte à leurs propriétés ; il
» est prouvé par des observations directes,
» qu'ils n'agissent pas toujours comme sub-
» stances alibiles ; et lors même qu'ils agissent
» véritablement en cette qualité, ce n'est la
» plupart du temps que d'une manière se-
» condaire, et par l'effet prolongé des im-
» pressions qu'ils ont fait ressentir aux or-
» ganes de la digestion. Ce serait d'ailleurs se
» faire une idée bien grossière de la répara-

» tion vitale, que de la considérer sous le
» simple rapport de l'addition journalière, et
» de la juxta-position des parties destinées
» à remplacer celles qu'enlèvent les différentes
» excrétions : elle consiste surtout dans l'ex-
» citation et l'entretien des différentes forces
» organiques, dont les excrétions elles-mêmes
» ne sont qu'un résultat secondaire, et pour
» ainsi dire accidentel.

Il nous semble à nous que l'effet immédiat
de l'impulsion donnée par les aliments est un
mouvement général ressenti par tous les organes, et que l'effet secondaire est la nutrition.
Cette impulsion peut, comme nous l'avons
fait sentir, être remplacée momentanément
par celle qui résulterait d'une passion, tandis
que l'effet secondaire, c'est-à-dire la nutrition
qui entretient constamment les forces ne peut
être produit que par les substances alibiles.

Comme il n'existe dans chaque individu
qu'une certaine quantité de force déterminée
pour soutenir les phénomènes de la vie morale et de la vie de nutrition, il paraît certain
et démontré par l'expérience que la plus grande

partie de cette force, pendant qu'elle est employée à produire le phénomène de la digestion, ne peut servir à la production de ceux qui dépendent immédiatement des facultés intellectuelles.

Aussi Cabanis a-t-il observé que les aliments grossiers et de difficile digestion, tels que les poissons gras et gélatineux, produisent fréquemment l'engorgement des glandes, et une grande quantité de bile, d'où résultent des dégénérations putrides ou des tendances prochaînes à ces dégénérations. Tout le tissu graisseux et cellulaire s'empâte, quelquefois même il s'endurcit au point de gêner toutes les fonctions.

« Peu de temps avant la révolution, » dit » ce profond observateur (1), « je fus con- » sulté pour une femme chez laquelle cet » empâtement et cet endurcissement général » amenèrent bientôt par degrés la suffocation » complette de la vie. Quand on lui parlait il » fallait le faire très-lentement. Elle ne répon-

(1) *Ibid.* p. 56.

» dait qu'au bout de quelques minutes, et
» d'une manière plus lente encore : son esprit
» semblait hésiter et chanceler à chaque mot.
» Avant sa maladie elle avait eu beaucoup
» d'intelligence, quand je la vis, elle était
» dans un état d'imbécillité véritable : elle
» avait été fort vive, elle ne paraissait presque
» plus capable de former le moindre désir :
» elle ne montrait plus le moindre sentiment
» de répugnance ou d'affection. »

L'effet des aliments grossiers étant d'en-
gourdir les sensations, et de ralentir l'action
des organes moteurs, on observe que partout
où la classe indigente vit habituellement de
châtaignes, de blé sarrazin, ou d'autres alimens
grossiers, elle est sujette à un défaut presque
absolu d'intelligence, et à une lenteur singulière dans les déterminations et les mouvements.

« Le mélange de la viande, et surtout l'usage
» d'une certaine quantité modérée de vins non
» acides, » dit encore Cabanis (1), » paraissent

_____

(1) *Ibid.* p. 58.

» être les vrais moyens de diminuer ces effets :
» car la différence est plus grande encore
» entre les habitants des pays de bois châtai-
» gniers, de ceux des pays de vignobles,
» qu'entre les premiers et ceux des terres à
» blé les plus fertiles. En traversant les bois,
» plus on se rapproche des pays vignobles,
» plus aussi l'on voit diminuer cette diffé-
» rence qui distingue les habitants respec-
» tifs. »

Le lait qui sans doute est le seul stimulant
qui convienne à l'enfance, devient assez généralement trop léger pour les estomacs qui
ont été habitués à des aliments plus solides et
plus excitants. On peut par des préparations,
soit qu'on en sépare certaines de ses parties
constituantes, soit qu'on y ajoute au contraire
des substances qui lui sont étrangères, augmenter de beauoup ses propriétés excitantes :
mais pour ceux qui passent des aliments dont
on fait généralement usage dans la société au
régime du lait pur et frais, ce liquide agit
comme un sédatif direct, *non stupéfiant : il*
modère la circulation des humeurs, porte dans

les organes du sentiment un calme particulier, et dispose les organes moteurs au repos. Par son influence les idées semblent devenir plus nettes, mais elles ont peu d'activité, les penchants sont paisibles et doux, mais en général ils manquent d'énergie : et quoique cet aliment facile entretienne une force totale suffisante, il fait prédominer tous les goûts indolents ; l'on pense peu, l'on agit peu, l'on désire peu (1).

Cette observation de Cabanis tend directement à confirmer ce que nous avons dit plus haut de l'influence qu'a l'excitation des organes de la digestion, sur celle du cerveau.

Toutefois nous osons avancer que cet observateur ne donne pas une raison suffisante du fait qu'il rapporte.

Suivant lui les choses se passent ainsi parce que « toutes les espèces de lait contiennent, » suivant diverses proportions, l'huile, le » simple mucilage et le gluten faiblement » animalisé, unis dans un degré de combi-

---

(1) *Ibid.* p. 58.

» naison suffisant pour les empêcher de subir
» tout-à-coup, aucune dégénération spéciale,
» mais trop incomplet pour les rendre sus-
» ceptibles de la dégénération propre aux
» combinaisons plus intimes des mêmes
» principes. »

Je pense que le lait pur et frais agit faiblement sur l'organe intellectuel, par la raison
qu'il est un faible excitant pour l'estomac, et
que, se convertissant en chyle par le secours
d'un très-léger travail de la part de tout l'appareil digestif, il n'y cause pas une impulsion
assez vive pour qu'elle retentisse jusqu'à l'organe encéphalique; de là l'espèce de repos dans
lequel cet organe paraît demeurer chez ceux
qui font leur principale nourriture de ce liquide, de là aussi leur peu d'aptitude aux
mouvements prompts et énergiques.

Le lait, ainsi que les farineux, fournit une
nourriture copieuse et réparatrice ; mais
quoiqu'il paraisse propre à conserver la force
organique aux mouvements musculaires, il
leur imprime des habitudes de lenteur, parce
qu'il n'excite pas assez vivement les nerfs qui

président à la sensibilité de l'appareil digestif,
unis par de nombreux filets à la moëlle épinière, où réside tout l'appareil nerveux des
mouvements volontaires; mais le lait n'émousse
pas la sensibilité d'une manière aussi profonde et aussi durable que les farineux, il en
modère seulement l'action, et se borne à ra-
baisser le ton du système sensitif.

Cependant dans certains tempéraments,
et dans certaines affections pathologiques,
l'usage du lait cause directement d'abord une
douce mélancolie, qui dans son origine ne
laisse pas d'être agréable et tranquille, mais
qui, si elle vient à prendre un caractère de
persistance, amène bientôt à sa suite tous les
désordres de l'imagination et les écarts de la
volonté qui caractérisent cette maladie : plus
souvent encore, l'usage exclusif de cet aliment est suivi d'indigestions putrescentes, de
dégénérations bilieuses, d'obstructions du
foie, de la rate et de tout le système hypo-
condriaque, qui à leur tour entraînent la
lésion profonde de plusieurs fonctions importantes.

Il résulte de ces observations que l'usage du lait n'est pas toujours sans danger dans certaines maladies de la poitrine et des viscères abdominaux. Il peut augmenter la phlogose de ces organes, et produire conséquemment tous les désordres de l'imagination et de l'esprit qui tiennent à l'inflammation.

C'est à tord cependant que l'on regarde cet aliment comme un sédatif direct; il tient en suspension beaucoup de gluten et de mucilage, déjà même faiblement animalisés, il doit donc contribuer à la réparation des forces de la même manière que ces substances lorsqu'on les tire directement des animaux et des végétaux; tout ce que l'on peut dire c'est que le lait se convertissant facilement en chyle excite moins l'estomac par sa présence que tout autre aliment, dont la digestion est plus difficile et plus laborieuse

Au reste, je pense que pour conserver à la fois ses forces physiques et la liberté des fonctions intellectuelles, il ne faut point user de ces aliments grossiers, dont le poids seul suffit pour fatiguer l'organe digestif, et pour troubler conséquemment les fonctions du centre cérébral. Ces sortes d'aliments conviennent aux hommes qui font un grand usage de leurs forces musculaires ; mais ceux qui sont obligés de mettre sans cesse en action leurs facultés intellectuelles, doivent user de ces substances alibiles, qui, prises en petite quantité, reparent le sang artériel, sans fatiguer l'estomac.

Il y a des stimulants qui, sans contribuer en quoi que ce soit à la nutrition, ont cependant sur la circulation et par suite sur le centre sensitif une action extrêmement puissante. Ces stimulants, en augmentant le ton de l'estomac, produisent un sentiment momentané de *force* et d'*alacrité*. Ils agissent directement sur le ventricule et sur le centre épigastrique, ils donnent plus de force aux mouvements du cœur, accélèrent celui de la circulation ; le sang se porte vers le cerveau, et y produit souvent des sensations désordonnées, des illusions qui approchent du délire. S'ils ont la propriété d'accroître momentanément les facultés intellectuelles, ils finissent à la longue par détruire l'énergie du système sensitif, et par

produire à la fois la stupidité et l'abattement
des forces musculaires. En général, comme l'estomac s'habitue à ces stimulants, il finirait
par y devenir insensible si l'on n'en augmentait
pas la dose progressivement. C'est ce qui en
rend l'usage si dangereux et si funeste, quand
on les prend en grande quantité. Ils ne s'as-
similent pas à la vérité aux tissus de nos organes, mais ils donnent au sang qui les tient
en suspension, des qualités trop excitantes, et
qui portent le trouble dans la substance nerveuse, et bientôt dans la fibre musculaire.

Si nous considérons maintenant l'action
des boissons sur l'estomac, sur les viscères abdominaux et sur le système sensitif, en faisant
abstraction des matières que l'eau peut tenir
en suspension ou en dissolution, nous trouverons que l'eau froide augmente légèrement le
ton de l'estomac, parce que cet organe aime
et recherche l'action du froid. Nous trouverons
au contraire que l'eau chaude, en débilitant
ce viscère, produit secondairement et subitement le même effet sur le centre nerveux et
sur tous les autres organes.

Nous remarquerons que le vin, selon sa qualité, en augmentant l'énergie de l'organe digestif, produit toujours un excitation agréable dans le cerveau, facilite les opérations intellectuelles, éveille l'imagination, la remplit d'idées douces et la porte à la gaieté ; il faut observer cependant que cette liqueur, et en général les liqueurs fermentées, prises en une quantité telle qu'elle surpasse les forces de l'individu, produit un état d'ivresse, dont le résultat est d'abattre les forces, de produire des aberrations dans l'organe de la pensée, et par suite dans tous les mouvements qui en dépendent.

Il serait fort difficile de se rendre compte de ces phénomènes, si on ne savait pas par combien de moyens divers l'estomac et l'abdomen sont en rapport avec le cerveau, la moëlle alongée et la moëlle épinière. Ces relations intimes, si bien démontrées aujourd'hui, font que toutes les altérations du tube intestinal se font promptement ressentir aux organes de la pensée et du mouvement, et y produisent secondairement des congestions, ou si l'on veut des fluides qui peuvent en anéantir momentanément les facultés lorsqu'il n'en résulte pas des suites plus funestes.

On convient toutefois généralement, que le vin, lorsqu'on en use modérément, a la propriété de produire, comme je viens de le dire, une douce excitation au cerveau, et d'accroître en même temps toutes les forces musculaires. On remarque d'ailleurs que les peuples des pays vignobles sont ordinairement vigoureux et spirituels, sociables et prévenants, et exempts d'un grand nombre de maladies auquels sont sujets ceux qui habitent des contrées où l'on ne voit point croître la vigne.

Au reste, les effets favorables du vin sont si généralement connus et appréciés que la plupart des peuples qui en sont privés remplacent cette liqueur par celles qui résultent de la fermentation de plusieurs plantes céréales, et qui lui sont analogues.

Je ne dirai rien des liqueurs spiritueuses connues sous le noms d'*esprit* ; l'usage en est toujours inutile, souvent nuisible, et même pernicieux. Leurs effets sont d'altérer les fonctions dans l'organe cérébrale, de diminuer directement la sensibilité nerveuse, d'entretenir une inflammation générale de tous les viscères, par une excitation contre nature, enfin de produire la stupidité et la férocité chez tous ceux qui en abusent.

§. III.

De l'air considéré comme stimulant de la peau, et des autres organes de relations.

Nous avons vu que l'air introduit dans les poumons, par l'action inspiratoire, en communiquant son oxigène au sang, lui imprime les qualités qui seules sont propres à l'entretien de la vie : mais ce n'est pas seulement comme stimulant indispensable des organes circulatoires, que ce fluide contribue au maintien de notre existence.

Pesant d'un poids énorme sur toutes les parties de notre corps, il presse sur tous les points de sa circonférence ; en comprime les solides et les rend capables de s'opposer à la sortie des différentes humeurs qui les parcourent. On remarque en effet que dans l'application des ventouses, les parties que l'air ne presse plus, se tuméfient, et que souvent sans scarification préalable, le sang s'en échappe avec abondance; il est donc évident que, considéré comme fluide ambiant, l'air est incessamment indispensable à notre existence, aussi bien qu'à celle des végétaux. C'est d'ailleurs en l'enveloppant de toute part qu'il tient notre corps en équilibre.

Il est pour nous le conducteur de la chaleur, du son, de la lumière, des odeurs, des saveurs; c'est donc par lui que nous voyons, que nous entendons, que nous sentons, en un mot que nous existons.

Considéré sous ce rapport, l'air est pour nous pesant ou léger, chaud ou froid, sec ou humide, et les différentes impressions qui résultent de ces propriétés ont la plus grande influence sur l'état physique et moral de l'homme dont la fibre est si sensible et si délicate.

L'air se compose, selon sa hauteur, de différentes couches, d'autant plus pesantes et plus denses qu'elles sont plus voisines de la surface du globe, ou si l'on veut du niveau de la mer : il augmente donc de légèreté à mesure qu'il s'élève; mais ces qualités, pesanteur et légèreté, produisent sur nous des impressions précisément contraires à celles que l'on devrait en attendre. En effet, si les habitants des profondes vallées trouvent l'air plus pesant que ceux des côteaux; si les premiers ont à la fois le système sensitif et le système musculaire moins actif et moins libre que les seconds; on remarque cependant qu'à une grande hauteur, l'air, quoique devenu plus léger, paraît véritablement plus lourd à ceux qui se donnent la peine d'y gravir.

Desaussure éprouva un engourdissement, et presque un anéantissement total de ses facultés physiques et morales, sur le sommet du Mont-Blanc, où l'amour de la science l'avait engagé à s'élever. Il est donc dans l'air un moyen degré de pesanteur qui convient plus que tout autre à l'espèce humaine. Il n'est pas difficile de sentir pourquoi parvenu à des hauteurs prodigieuses, l'air, quoique devenu plus léger, nous paraît cependant plus pesant. La

cause de ce phénomène vient de ce que les solides étant moins comprimés, résistent moins à
l'action des fluides, et de ce que ceux-ci ont
moins de force vitale, parce que le poumon
absorbe moins d'oxigène dans un atmosphère
qui, devenu plus rare, a moins de force pour
maintenir l'équilibre de nos organes, et soutenir le poids de notre corps.

C'est dans les profondes vallées du Vallais,
où l'air, plus pesant qu'ailleurs, est encore
chargé de vapeurs humides que les rayons du
soleil ne dissipent jamais, que l'on trouve ces
cretins dont la force et l'intelligence égalent à
peine celles des animaux les plus faibles et les
plus stupides. C'est seulement sur les plateaux
d'une certaine élévation que l'on rencontre
dans la Suisse, que se trouvent ces hommes laborieux dont la vigueur, l'intelligence et l'industrie, font tant d'honneur à certains cantons
de ce pays.

Mais outre les propriétés que je viens de lui
assigner, et qui dans certaines circonstances
peuvent être plus ou moins nuisibles, l'air, en
se chargeant de miasmes putrides, en acquiert

de très-malfaisantes, et qui sont la source d'une foule de maladies physiques et d'altérations morales, conséquences les unes des autres.

L'air, quel qu'il soit, est indispensable à l'existence de tous les animaux ; mais telles de ses propriétés qui conviennent à une espèce, ne conviennent pas à l'autre. Il en est qui recherchent l'air humide, d'autres qui préfèrent l'air sec ; les uns ne peuvent vivre qu'au milieu des glaces, d'autres ne sont bien que dans l'air embrasé de la zone torride. Beaucoup ne se plaisent que dans les cloaques et les marais infectés de miasmes putrides.

L'homme vit et s'habitue partout, mais il dégénère progressivement à mesure que, des climats tempérés, il se rapproche de plus en plus des deux extrémités opposées.

Dans les climats brûlants, l'air, extrêmement dilaté par la chaleur, est un excitant actif qui, agissant directement sur toute la surface extérieure du corps, appelle sans cesse les forces vitales à l'extérieur, et tient la fibre musculaire et les extrémités nerveuses dans un état de faiblesse et de relâchement continuel.

Le moindre mouvement est une fatigue pour les habitants de ces climats. Il faut qu'ils vivent dans une inaction continuelle, sous peine de voir leur peau inondée d'une sueur abondante. Le moindre choc les blesse et leur fait éprouver de vives douleurs ; leur sensibilité physique est excessive, et leur intelligence n'en est pas plus vive ; le repos de l'esprit leur est aussi nécessaire que celui du corps. Leur mémoire est faible, la seule des facultés intellectuelles qui ait chez eux quelque vivacité, est l'imagination ; mais, comme elle ne peut travailler sur des objets réels, elle ne se repaît que de chimères ; c'est le pays des fanatiques, des exaltés et des ignorants.

Vers les Pôles, au contraire, au milieu des glaces, des neiges et des frimas, l'homme ne se développe ni physiquement ni moralement ; il reste toute sa vie dans un état extrême de faiblesse et de stupidité : il n'est propre ni à la civilisation ni aux arts, il croupit dans des

tanières, et demeure sauvage. S'il a des dieux,
ils sont cruels comme le climat qu'il habite.

C'est seulement sous les climats tempérés
que l'on trouve l'espèce humaine dans toute
sa force et sa dignité physique et morale.

L'extrême chaud et l'extrême froid sont également contraires à la perfection de l'homme :
l'un développe les forces vitales en leur imprimant un mouvement excentrique qui les
épuise promptement sans profit, ni pour la
force musculaire, ni pour la sensibilité nerveuse; l'autre, en les concentrant, les empêche
de se développer.

Outre la chaleur animale qui est indispensable à la vie, la chaleur extérieure ainsi que son
application à la surface des organes ne lui est
pas moins nécessaire. Elle est le plus puissant
stimulant de toutes les fonctions et de toutes
les facultés; mais son excès est aussi pernicieux
que pourrait le devenir son défaut absolu,
s'il entrait dans l'ordre des choses possibles.
Mais ce défaut absolu ne serait autre chose que
l'extrême froid, qui ne serait à son tour que

l'absence de tous les mouvements et la cohésion de toutes les molécules de la matière.

La chaleur est donc le principe général de l'organisation et de la vie, elle résulte aussi de l'organisation, puisqu'elle se forme d'elle-même dans tous les corps vivants qui sont un foyer de composition et de décomposition contiuelle.

Selon Dehaën, la chaleur animale, qui résulte principalement de la combinaison du sang avec l'oxigène, est toujours au même degré dans tous les âges de la vie de l'homme, et chez les hommes de tous les climats.

On pourrait croire d'après cela que l'état de l'air atmosphérique le plus convenable au développement et à l'exercice des fonctions vitales serait celui où sa chaleur serait parfaitement en équilibre avec celle de l'homme. Mais outre que les variations de l'atmosphère entrent dans le plan général de la nature et sont nécessaires à ses vues, si l'homme vivait dans une température toujours égale, il perdrait une foule de sensations, et conséquemment d'idées, qui naissent des alternatives du chaud, du froid, du sec et de l'humide, et des combinaisons très-variées de ces différentes propriétés de l'air; il serait conséquemment privé de l'un des plus grands stimulants de ses fonctions intellectuelles, et en même temps de l'un des plus puissants motifs de son activité physique.

La chaleur du milieu dans lequel le fœtus s'est développé était beaucoup plus considérable que celle de l'atmosphère sous lequel il a vécu depuis sa naissance. C'était alors toute la chaleur de sa mère avec laquelle il ne faisait qu'un; car, n'ayant point de communication avec l'air extérieur, il n'est pas vraisemblable qu'il se soit formé du calorique en lui-même. Si, depuis qu'il a respiré, il eût vécu dans une température aussi élevée que celle des eaux de l'amnios, il est incontestable qu'il y aurait succombé. C'est donc en passant d'un milieu incomparablement moins chaud que celui dans lequel il s'est développé qu'il est entré dans le monde, il en résulte que la première impression de l'enfant doit avoir été celle du froid. Mais, comme cette impression résulte d'une soustraction de calorique, on

doit considérer ce froid comme un stimulant
négatif incapable de produire le moindre
changement dans l'économie. Nous ne pous-
serons pas plus loin l'examen des effets que
l'air atmosphérique exerce sur la surface extérieure de notre corps; il suffit, pour l'objet de
cet ouvrage, d'avoir fait remarquer que l'air
agissant à la fois sur tous nos sens de rapport,
il doit être considéré comme celui des stimulants qui joue le plus grand rôle dans le développement de nos facultés physiques et morales. Et c'est ce que nous démontrerons jusqu'à l'évidence dans le chapitre où nous traiterons des sensations.

§ IV.

Des stimulants intérieurs.

J'ai dit que la présence des stimulants intérieurs était constamment nécessaire au maintien de la vie. Ces stimulants consistent dans
tous les fluides qui parcourent sans cesse les
solides : ils obligent ceux-ci à céder aux impressions résultant de l'analogie qui existe
entre eux, et à se mettre en action en vertu de

ces impressions. Sans ce concours des solides et des fluides, il serait impossible de concevoir la vie et de se faire une idée de ses phénomènes. Or comme les fluides ne sont jamais en repos, il s'en suit qu'ils ne cessent jamais d'exciter les solides, et que les corps organisés de quelqu'espèce qu'ils soient, présentent le phénomène d'un mouvement intérieur perpétuel, dont la moindre interruption aurait pour conséquence la cessation de la vie.

Les stimulants extérieurs dont je viens de donner une idée, sont les causes premières de ce phénomène. En effet les aliments fournissent les principes réparateurs du sang, auquel l'air atmosphérique en pénétrant dans le poumon, apporte l'élément producteur de la flamme vitale. Voilà pourquoi j'ai cru devoir faire connaître les stimulants extérieurs avant de parler des fluides à la formation desquels ils sont indispensables. Il résulte de là que les phénomènes de la vie sont le produit du concours des stimulants extérieurs et des stimulants intérieurs. La présence des premiers n'est pas toujours nécessaire au maintien de l'existence, parce que quand les fluides intérieurs sont formés, ceux-ci suffisent seuls pendant un certain laps de temps indéterminé pour soutenir les mouvements vitaux, pour entretenir la sensibilité des organes, et pour subvenir à leur nutrition.

Les principaux stimulants intérieurs sont le sang et le fluide nerveux. L'un et l'autre sont indispensables à la vie, et le premier s'il n'est pas le producteur du second, en est du moins le réparateur indispensable (1). Les autres fluides qui parcourent nos organes, constituent les solides, et ceux-ci ne forment communément que le sixième de la masse totale de notre corps (2). On peut donc assurer que c'est directement de la circulation du sang que dépendent toutes les fonctions de la vie physique et morale.

Nous savons que la peau puise dans l'atmosphère par les vaisseaux absorbants quelques matériaux propres à l'entretien des fonctions

---

(1) J'éclaircirai ce doute lorsque je parlerai de la puissance nerveuse.

(2) C'est un fait que je démontrerai par la suite.

13.

de la vie; mais ces matériaux ne deviennent
propres à la nutrition qu'après avoir été versés
dans le canal du chyle par les vaisseaux lymphatiques, et après avoir subi dans le poumon
l'influence de la respiration, influence indispensable à la formation du sang artériel.

Nous ne pouvons pas dire jusqu'à quel point
l'absorbtion par les bouches extérieures contribue à la réparation du sang, et peut sup-
pléer aux résultats de la digestion. On sait
toutefois qu'il serait impossible d'entretenir
long-temps la vie d'un animal sans le secours
des substances alibiles qui lui sont propres.

Nous devons donc considérer les stimulants de l'estomac, comme les seuls qui puissent réparer suffisamment le sang et maintenir
les fonctions dans leur état normal.

On dit que le sang artériel est de tous
les liquides qui parcourent nos tissus le seul
qui soit véritablement stimulant. Le sang artériel contient à la vérité en lui-même toutes
les humeurs propres à la nutrition et à l'excitation de chacun de nos organes : mais il
ne peut être le stimulant exclusif que du

cœur, des artères ainsi que du centre cérébral.
On sait que chacune des humeurs et de parties
salines qui le constituent, s'en sépare pour alimenter l'organe particulier dont elle est à son
tour le stimulant exclusif. Je dis stimulant par
ce qu'aucune espèce, d'assimilitation ou de
disassimilation ne peut avoir lieu sans mouvement, et aucun mouvement sans stimulation.

Maintenant je vais jeter un coup-d'œil rapide
sur les trois principales fonctions de la vie,
qui sont : la digestion, la respiration et la circulation ; et j'entrerai à cet égard dans quelques détails qui suffiront pour donner une
idée de toutes les autres fonctions qui sont
toutes sous la dépendance de la dernière,
comme celle-ci dépend à son tour des deux premières. Sans la digestion et la respiration, il n'y
aurait pas de sang artériel, partant point de
circulation, et l'absorption fait nécessairement
partie de la digestion.

« La digestion, dit le professeur Richerand,
» est une fonction commune à tous les ani-
» maux, par laquelle des substances qui leur

» sont étrangères, introduites dans leur corps,

» et soumises à l'action d'un système particu-

» lier d'organes, changent de qualités et four-

» nissent un composé nouveau propre à leur

» nourriture et à leur accroissement. » (1)

La définition de ce célèbre physiologiste me paraît surabondante et inexacte. Les substances étrangères ne changent pas de qualités dans le canal digestif, et si elles ne contenaient pas les éléments du nouveau composé qu'elles y forment, elles ne seraient pas propres à la nourriture et à l'accroissement des animaux, dans le corps desquels elles sont introduites.

Il fallait donc dire que la digestion est une fonction propre à un système particulier d'organe, par laquelle les substances étrangères qui sont soumises à son action, subissent une décomposition de laquelle résulte la séparation des mollécules propres à la nourriture et à l'accroissement de l'estomac ; mollécules dont certains vaisseaux s'emparent, tandis que par le moyen d'un appareil particulier la nature

_____

(1) Nouveaux éléments de physiologie, p. 147.

expulse tout ce qui ne peut convenir aux fins qu'elle se propose dans cette opération.

Quoi qu'il en soit, les aliments que j'ai appe·lés les stimulants propres de l'estomac, sont ordinairement soumis dans la bouche à l'opé-ration de la mastication. Durant cette opéra-tion, le goût explore ces aliments, et s'assure qu'ils ont véritablement les qualités propres à fournir le nouveau composé dont il s'agit, en même temps ils s'imbibent de salive, et ne passent dans l'estomac sous la forme d'un bol alimentaire, qu'après avoir subi une prépara-tion qui met à nu leurs propriétés alibiles.

§ V.

Idée générale des fonctions du tube digestif.

Chez l'homme le tube digestif a cinq à six fois la longueur de tout le corps. Ses parois, essentiellement musculaires, sont tapissées intérieurement et dans toute leur étendue par une membrane muqueuse, et qui forme di-vers replis. On remarque à l'extérieur une troi-sième membrane. Celle-ci est fournie par les

plèvres à l'œsophage, elle l'est par le péritoine
tant à l'estomac qu'aux intestins : il faut observer que le péritoine ne recouvre jamais les intestins dans toutes leurs parties.

La déglutition est la seconde opération chimico-mécanique de la digestion (1). Après la
mastication et l'insalivation le bol alimentaire
arrive à l'œsophage en glissant sur une membrane inclinée et continuellement couverte de
mucosité. Il descend poussé par les contractions de ce conduit musculo-membraneux qui
s'étend depuis le pharynx jusqu'à l'estomac.
Les mucosités dont les parois intérieures de ce
conduit sont abreuvées, facilitent le trajet des
aliments, d'ailleurs favorisé par leur poids et
par la contractilité musculaire.

Les matières alimentaires s'accumulent dans
l'estomac en écartant les parois de cet organe
toujours très-rapprochées quand il est vide.
Là soumises au mouvement ondulatoire, ainsi

---

(1) Je dis chimico-mécanique, parce que dans la
mastication, il ne s'opère qu'une simple trituration, et
dans la déglutition qu'un mouvement de déplacement.

qu'aux contractions péristaltiques de cet organe, ces substances pénétrées par les sucs gastriques produits de l'exhalation artérielle de la
membrane intérieure, subissent une nouvelle
combinaison et forment ce que l'on appelle le
chyme. C'est parce que les aliments sont les
stimulants naturels de l'estomac, que leur présence y cause une excitation dont le résultat
est d'y attirer une quantité de sucs exactement
proportionnée à leur quantité. Ces sucs sont
moins abondants dans l'état de vacuité de cet
organe. Ils sont fournis par l'artère coronaire
stomachique entièrement destiné au ventricule, et par plusieurs branches de l'hépatique et de la splénique qui se distribuent dans
des parois membrano-musculaires, dont
l'épaisseur n'excède pas ordinairement une
ligne.

Mêlés aux mucosités que versent les cryptes
glanduleux de la muquence du ventricule, et
à une certaine quantité de bile qui reflue souvent dans ce sac par le pylore, le suc gastrique
a la propriété de dissoudre les aliments, de
former avec eux une nouvelle combinaison, et

de leur imprimer le second caractère de l'animalisation (1).

On a cru que la formation du chyme résul-
tait ou de la coction, ou de la fermentation, ou
la trituration, ou de la macération, ou de la
putréfaction. Mais la chaleur de l'estomac ne
s'élève jamais à plus 32 degrés, mais l'estomac
est toujours en mouvement, mais ses parois
sont molles, mais les sucs gastriques loin de
pouvoir produire la putréfaction des aliments
ont au contraire une propriété antiputride.
L'action du suc gastrique et des mouvements
du ventricule sur les aliments se réduit donc
à leur imprimer un premier degré d'animalisation. Au reste plusieurs autres causes peuvent
concourir simultanément à la production de
ce phénomène, mais la première et celle dont
les autres ne sont que des dépendances, est
la stimulation de l'estomac, produite par la
présence des substances alimentaires.

---

(1) Si les sucs gastriques étaient trop abondants, la
chimification serait trop accélérée, elle serait retardée
dans le cas contraire.

Les aliments séjournent plus ou moins long-
temps dans le ventricule, selon qu'ils sont plus
ou moins décomposables par les sucs gastriques. Tant que dure cette première digestion,
les deux orifices de cette poche restent exactement fermés, ensorte qu'aucun gaz ne remonte
par l'œsophage, et qu'aucune matière alimentaire ne descend par le pylore dans le duodenum.

Doué d'une sensibilité exquise, le pylore se
contracte et livre successivement passage aux
aliments en s'ouvrant pour ceux qui ont déjà
subi la première digestion, et se refermant sur
ceux dont la chymification est encore impar-
faite.

Comme je l'ai déjà fait observer, toutes les
forces vitales semblent se concentrer vers l'estomac tant qu'il est excité par la présence des
matières alimentaires, mais à mesure qu'il se
vuide, on voit ces forces reprendre leur équilibre, et toutes les fonctions leur marche naturelle. L'action du ventricule cesse lorsqu'il est
entièrement vuide, le suc gastrique dont aucun stimulant ne provoque plus la sécrétion,

devient moins abondant, et les parois qui se
rapprochent forment de nombreux replis lu-
bréfiés par les mucosités qu'exhalent les crypes
de la muqueuse C'est dans ce moment que le
cerveau jouit de toutes ses facultés, que les
opérations intellectuelles se font avec le plus
de facilité, et que les muscles soumis à la
volonté ont le plus de force et d'énergie.

Quand la pâte chymeuse est parvenue au
duodénum, elle y subit une nouvelle élaboration beaucoup plus importante que celle dont
je viens de parler. C'est dans cet intestin que
se fait la première séparation des aliments en
deux parties, l'une excrémentielle, et qui doit
être rejetée par les organes excrétoires, l'autre chyleuse, et qui doit être portée dans la
masse du sang par l'appareil absorbant : C'est
donc en quelque sorte le duodénum qui complète la digestion.

Placé hors du péritoine, cet intestin très-di-
latable a de grandes courbures; on y remarque un grand nombre de vulvules conniventes
desquelles il naît une quantité prodigieuse
de vaisseaux chyleux; il reçoit dans sa cavité le

suc biliaire et pancréatique, par le canal cholédoque, enfin il se dilate quelquefois au point
d'égaler l'estomac en grosseur. Ses nombreuses
courbures fixées aux organes voisins semblent
prouver que par sa structure, il est destiné à
ralentir le cours des aliments, et à les soumettre à l'action prolongée des sucs qu'y verse
le conduit commun du foie et du pancréas.

La pâte chymeuse est le stimulant naturel
du duodenum. Irrité par la présence de cette
pâte, cet intestin communique son irritation
au canal cholédoque, qui, dans cet état de
stimulation, verse une grande quantité d'humeur hépatique et pancréatique sur les matières alimentaires. Cette humeur précipite la
partie excrémentielle de ces substances en
même temps qu'elle en animalise la partie chyleuse.

Sans entrer ici dans l'examen des propriétés
chimiques du liquide pancréaticobiliaire, nous
pouvons assurer que, versé sur la masse chymeuse, il s'y mêle, s'y incorpore, en sépare
tout ce qui n'est pas nutritif, et rend propre
à l'entretien de la vie tout ce qui peut être
converti en chyle.

Dans cette opération la bile se divise elle-même en deux parties. Elle cède aux excréments son huile, sa teinte jaune, son amertume, et leur donne par-là les qualités stimulantes, propres à mettre en action le tube digestif ; elle communique ses propriétés albumineuses et salines au chyle qui devient par-là le stimulant naturel des vaisseaux lymphatiques ; ceux-ci le portent dans le torrent de la circulation.

Quand la chylification a eu lieu dans le duodénum, la pâte alimentaire entre dans les intestins grêles, connus sous les noms de jéjunum et d'iléon. Pris ensemble, ces intestins forment les trois quarts de la longueur totale du canal digestif. Ils sont beaucoup plus étroits que le duodénum, et n'ont pas, comme lui, la propriété de se dilater, parce que le péritoine en recouvre toute la surface à l'exception des convexités postérieures par où pénètrent leurs nerfs et leurs vaisseaux, et par lesquelles ils sont fixés au mésentère.

Les nombreuses courbures et les valvules conniventes de ces intestins ralentissent la marche des matières alimentaires, et c'est principalement dans cette partie du tube intestinal que le chyle, exprimé de ces matières par des contractions péristaltiques, se présente aux orifices des vaisseaux lymphatiques très-multipliés à la surface des valvulves. Mis en action par la propriété stimulante de cette liqueur, ces orifices en opèrent l'absorbtion.

C'est presque entièrement dépouillées de leurs éléments nutritifs, que les matières alimentaires pénètrent dans les gros intestins, et si elles conservent encore des parties chyleuses, quelques orifices absorbants dispersés çà et là dans le colon et le cœcum, achèvent de les en dépouiller : elles ne contiennent donc plus que des matières fécales lorsqu'elles arrivent au rectum. Là elles séjournent jusqu'à ce qu'elles aient produit sur les parois de cet organe une impression assez forte pour provoquer leur expulsion. Le mouvement péristaltique d'où résulte la digestion et la précipitation des matières fécales, est dû aux excitations que la présence des aliments produit successivement dans toutes les parties du tube intestinal. Mais on voit que les propriétés sti-

mulantes de ces matières sont loin d'être de
même nature dans les diverses parties du
trajet qu'elles parcourent.

Quand elles arrivent au ventricule de l'estomac, elles s'y présentent imprégnées de salive et enveloppées de mucosités ; et il est
probable que, si elles y étaient descendues
avant d'avoir subi l'insalivation , elles exci-
teraient vicieusement cet organe, qui ne pourrait les digérer; il en serait de même s'ils
elles arrivaient au duodenum avant d'avoir
été converties en chyme : ce n'est qu'après
avoir été divisées en parties excrémentielles
et chyleuses, qu'elles peuvent exciter conve-
nablement les autres intestins grêles, et provoquer l'action absorbante des vaisseaux lymphatiques; enfin elles ne contractent les gros
intestins que quand elles sont réduites à l'état
des matières fécales ou du moins presque entièrement dépouillées de leurs parties nutritives, il est même probable qu'elles ne doivent
les propriétés propres à stimuler les gros intestins, et à provoquer leurs excrétions, qu'aux
parties du liquide biliaire dont elles sont im-

prégnées ; puisque l'on remarque que des individus chez lesquels les sécrétions de la bile se font lentement, sont ordinairement sujets à la constipation. Il est donc évident que chaque fonction de la vie, et même chacun des organes qui concourent à l'accomplissement de cette fonction, ont un stimulant naturel dont la présence est nécessaire à l'excitation de sa sensibilité propre.

§. V.

Du Chyle.

Nous avons vu qu'après avoir excité agréablement le sens du goût, après avoir fait entrer en action toutes les forces de l'estomac, et successivement toutes les parties du tube digestif, ainsi que le pancréas et le foie, les matières alimentaires, durant une élaboration assez longue, ont été divisées en parties excrémentielles et en parties nutritives : la quantité de celles-ci a dû être en raison directe des éléments alibiles contenus dans les matières premières, et en raison inverse des substances qui, n'étant pas susceptibles de s'assimiler à nos tissus, ont dû être rejetées par les voies excrétoires. En un mot, la quantité du chyle a dû être d'autant plus considérable que les aliments, soit solides, soit liquides, dont nous avons fait usage, contenaient plus de matières propres à l'assimilation.

Le chyle est le stimulant naturel de cette multitude de vaisseaux lymphatiques dont les bouches s'ouvrent dans l'appareil digestif : mais il n'est point un stimulant toujours indispensable à leur action. Hors le temps de la digestion ces vaisseaux retirent une véritable lymphe des muquosités, dont le tube intestinal est toujours lubréfié.

Il existe dans toutes les parties du corps humain des vaisseaux chargés d'absorber et de porter dans la masse du sang les substances à l'aide desquelles notre machine s'entretient. Il ne faut pas se dissimuler que l'économie animale est le résultat d'une composition et d'une décomposition continuelle, ou pour mieux m'exprimer, d'une transformation des solides en liquides, et des liquides en solides, qui ne peut cesser qu'avec la vie.

Ici les bouches absorbantes pompent et transforment en lymphe des substances qui viennent du dehors, voilà les fonctions des orifices qui se trouvent dans les tissus cutanés, et dans l'organe digestif ; là l'activité de ces bouches s'exerce sur des liqueurs produites par les voies artérielles : ailleurs elles s'emparent des molécules qui, après avoir servi à la composition des solides, les abandonnent pour faire place à d'autres. En sorte qu'il n'est point dans le corps humain de substance si dure qu'elle soit, sur laquelle les bouches absorbantes ne puissent exercer leur avidité.

Mais il s'agit ici plus particulièrement de l'absorption du chyle. Les orifices des vaisseaux absorbants qui garnissent la muqueuse du tube digestif, ont une sensibilité particulière qui ne peut être excitée que par les mucosités qui lubrifient ce tube, ou par le chyle lui-même. Mais les mucosités sont bientôt épuisées ; et, quand la présence des matières alimentaires n'excite pas les cryptes muqueuses, et ne provoque pas la transudation artérielle, le tube intestinal se dessèche, et privé de son

14.

excitant naturel, il perd son activité. Une des fonctions les plus importantes ne s'exerce plus, la vie cesse d'être entière, et le sentimentde la faim dénonce au cerveau la pénible vacuité de l'organe digestif. On sait bien d'ailleurs que si la puissance absorbante ne s'exerçait jamais que sur les solides et les fluides qui constituent le corps humain, la vie serait bientôt épuisée. C'est donc du chyle plus que de toute autre chose que dépend son entretien, car l'absorption subépidermique ne peut jamais être assez riche pour fournir à sa consommation.

Mais le chyle séparé des aliments arrive-t-il dans la masse du sang, tel que les bouches lymphatiques l'ont puisé dans le tube digestif? Non sans doute, (1) doués d'une sensibilité qui leur est propre, les vaisseaux lymphatiques font subir une transformation aux humeurs qui

---

(1) M. Magendie et d'autres prétendent que les vaisseaux lymphatiques n'absorbent pas les boissons, et que celles-ci sont portées par les veines dans la masse du sang.

les parcourent. Ces humeurs n'arrivent elles-mêmes au torrent de la circulation qu'après avoir été, soumises à une longue élaboration dans les innombrables ganglions mésantériques qu'elles traversent, et dans lesquels elles séjournent avant de parvenir au canal thorachique.

Les ganglions sont enveloppés de tissus cellulaires, et abreuvés d'une quantité consirable de vaisseaux artériels dont les parois très-minces laissent échapper une humeur muqueuse, qui, se mêlant au chyle, altère la couleur blanche qu'il avait dans les intestins, et lui fait subir un nouveau degré d'animalisation. D'ailleurs, le chyle n'arrive dans la veine sous-clavière, qu'après avoir traversé le canal thorachique, réservoir général de toute la lymphe avec laquelle il se mêle, et qui lui communique un nouveau degré d'assimilation.

§ VI.

Du sang.

La masse du sang est le produit immédiat de la digestion, de l'absorption et du fluide veineux. Mais si la lymphe, le chyle et le fluide veineux réunis, contiennent tous les éléments propres au maintien de la vie, ils ne possèdent pas encore la propriété excitante nécessaire à ses mouvements, et à l'assimilation des molécules élémentaires. Ici nous pouvons encore remarquer que tous les phénomènes de la vie ont entre eux une telle liaison, qu'il est impossible de les séparer, et qu'ils sont partout dépendants les uns des autres, soit qu'on les considère comme causes, soit qu'on les considère comme effets. Nous voyons trois fonctions concourir à la formation du sang, savoir: la digestion, l'absorption et la circulation veineuses, et aucune d'elles n'aurait lieu sans l'impulsion du fluide qu'elles tendent à réparer, enfin cette impulsion si nécessaire, cesse d'avoir lieu sans le secours d'une quatrième fonction qui est celle de la respiration. Si l'on veut aller plus loin, on sera bientôt convaincu que, sans le secours des nerfs, et sans leur influence, aucune des fonctions physiques et morales ne pourrait s'exécuter.

En effet, le cœur reçoit des nerfs très-nombreux par les plexus cordiaques, qui sont l'intérieur, le moyen et le postérieur. De ces nerfs, les uns viennent du pneumogastrique, et le plus grand nombre des deux grands sympatiques. Le cœur se compose de quatre cavités qui sont : le ventricule et l'oreillette droits, et le ventricule et l'oreillette gauches.

Le sang revient dans les cavités droites pour y réparer ses pertes, et pour reformer un nouveau tout homogène, propre à l'entretien de la vie. L'action du cœur sur ce fluide dépend de ses mouvements de systole, ou de contraction, et de diastole, ou de dilatation. Les oreillettes se contractent toujours simultanément ; pendant leur contraction, les ventricules se dilatent, et le sang y passe presque en totalité.

Il est bien clair que, si le sang artériel est identique, le sang veineux, c'est-à-dire celui qui retourne au cœur après avoir servi à la nutrition des organes, doit différer dans les différentes veines, selon les parties d'où il revient. Ces divers sangs vont se réunir avec la lymphe et le chyle dans l'oreillette droite ; ils y forment un tout dont les parties hétérogènes ont besoin d'être mélangées pour composer ce fluide identique qui doit être converti en sang artériel par l'influence de la respiration.

« La direction opposée des embouchures » des veines caves, les colonnes et les saillies » qu'on remarque dans l'oreillette droite, le » passage du sang de cette oreillette dans le » ventricule, par une ouverture plus ou moins » rétrécie, les colonnes, les poutres, les tra- » verses charnues du ventricule, sont autant » de causes qui contribuent à opérer ce mé- » lange (1). Mais la plus puissante de toutes » pourrait bien être le reflux du sang du ven- » tricule dans l'oreillette. Ce reflux qui se fait » avec une force absolument égale à celle qui » pousse le sang dans l'artère pulmonaire, » doit imprimer une vive secousse à celui qui » est contenu dans l'oreillette.

La même chose a lieu dans les cavités gau- ches, parce que souvent l'air n'ayant point, ou presque point, d'accès dans certains points

_____

(1) Le Gallois, t. I, p. 34.

du poumon, une partie du sang revient au cœur avec sa couleur noire.

Quoi qu'il en soit, le sang veineux ne sort du ventricule droit pour entrer dans la petite circulation, par l'artère pulmonaire, qu'après avoir été parfaitement mélangé : on croit même qu'il ne sort par la cavité gauche, pour parcourir les différents organes par la voie des artères, qu'après y avoir subi un autre mélange.

Les expériences de Legallois ont démontré jusqu'à l'évidence que les mouvements du cœur empruntent leur force : 1°, de la puissance nerveuse cérébrale, de la moëlle épinière; 2° que ces mouvements ne sont pas soumis à la volonté, précisément parce qu'ils tirent leur force de la puissance nerveuse toute entière, et que la volonté, qui ne peut déterminer spontanément qu'un petit nombre de mouvements, n'aura jamais une action assez puissante pour dominer sur celle du tout. Comme il est d'ailleurs certain que le sang veineux n'est point un stimulant suffisant, il serait impossible qu'il déterminât la contraction des cavités droites sans le secours de l'iner-vation.

Non-seulement le sang veineux ne jouit d'aucune force excitante, mais il produirait des lésions dangereuses partout où il s'épancherait hors des canaux qui lui sont destinés. Ce n'est donc qu'après avoir été combiné avec l'oxigène dans les poumons que le sang acquiert cette force stimulante qui le rend propre à l'entretien de la vie, et cette chaleur animale d'où résulte l'entretien de tous les organes.

Le sang artériel, arrivé au cœur par les veines pulmonaires, forme un tout homogène, dont les principes sont unis et retenus ensemble par des attractions chimiques : et on ne peut pas penser qu'un mouvement commun et simultané puisse séparer ces principes de telle manière dans une région, et de telle manière dans une autre ; comment se fait-il donc qu'ici ce fluide abandonne du phosphate de chaux, là, de la gélatine, là, de la fibrine, là de l'albumine, là, du sérum, là, des mucosités, selon la nature des tissus à l'entretien desquels il est destiné ?

Il est certain que la partie la plus tenue du sang transsude à travers les pores des vaisseaux, mais cette transsudation n'a lieu qu'aux extré-mités capillaires. C'est là que se font toutes les sécrétions, et que le sang artériel subit les trans-formations qui le font passer à l'état veineux. Cette transsudation n'a jamais lieu dans les gros troncs, chez les animaux vivants, à moins qu'elle ne s'opère par les vaisseaux capillaires particuliers à ces troncs.

On ne voit jamais la nutrition d'aucune par-tie se faire, ni par les lymphatiques, ni par les veines ; les capillaires artériels sont seuls ca-pables de cette importante opération. Eux seuls contiennent cette flamme vitale, ca-pable d'opérer la stimulation des différents tissus, et d'y produire ce mouvement qui les dispose à s'assimiler les parties qui leur man-quent. Les absorbants, les veines, en un mot tous les vaisseaux blancs eux-mêmes, ne vi-vent que parce qu'ils reçoivent des capillaires artériels dans leurs tissus.

On doit donc considérer le sang artériel, comme le stimulus général et nécessaire de la vie. C'est en distribuant son oxigène dans tous nos organes, qu'il en opère la nutrition et en excite la sensibilité.

Ce n'est point, comme on pourrait le croire, par un excès de température que le sang arté- riel renouvelle et entretient la chaleur du corps, mais par le changement de capacité pour le calorique qu'il éprouve en se combinant avec l'oxigène dans le poumon. « On conçoit » très-bien que le sang, en prenant dans les » poumons une capacité plus grande, peut se » charger du calorique que dégage la respi- » ration sans augmenter de température, et » qu'arrivé aux extrémités capillaires de la » grande circulation, il doit, en y reprenant » la capacité veineuse, abandonner tout le ca- » lorique pris dans les poumons. »

« Il est très-douteux que le sang perde de » son hydrogène dans les poumons; il l'est » encore plus et il est même tout-à-fait in- » vraisemblable qu'il reprenne ni hydrogène » ni carbonne dans les extrémités capillaires » de la grande circulation. Il change de capa- » cité dans ces dernières parties, parce qu'il

» y devient veineux, et il y devient veineux
» par des causes qui varient comme les organes
» auxquels il se distribue (1).

Il faut bien convenir que le sang ne devient artériel dans les poumons qu'en y subissant des combinaisons chimiques, dont l'action du gaz oxigène est en quelque sorte l'ame. On a prétendu que cet oxigène ne fait que se dissoudre dans le sang, sans éprouver lui-même une véritable combinaison. Cela est contraire aux notions que nous donne la chimie sur la manière dont les corps agissent les uns sur les autres. Et il faut bien que, pour se combiner avec le sang, l'oxigène abandonne le calorique qui le tenait à l'état de gaz : et cette partie de calorique pourrait bien égaler celle qui se dégage pour former de l'acide carbonique.

La couleur vermeille du sang est bien un des caractères du sang artériel; mais cette coloration due à la présence du phosphate de fer, n'est pas son caractère le plus essentiel.

_____

(1) Le Gallois, t. II, p. 176 et suivantes.

M. Chaussier a prouvé qu'un animal peut être asphixié, bien que son sang continue de prendre une couleur vermeille, en traversant les poumons.

Ce n'est pas seulement la couleur du sang qui change dans son passage dans les poumons; il abandonne son carbonne, qui, combiné avec une partie de l'oxigène, forme cet acide carbonique rendu par l'expiration avec une certaine quantité de vapeurs aqueuses; en se combinant avec le reste de l'oxigène, le sang devient écumeux, plus léger, et plus concrescible; sa capacité pour le calorique et sa plasticité, augmentent par cette combinaison intime, favorisée par la nature et les mouvements de l'organe pulmonaire. Il passe ainsi dans les cavités gauches du cœur, où sa combinaison et ses propriétés plastiques deviennent encore plus parfaites, et c'est ainsi qu'il est envoyé, doué d'une nouvelle flamme vitale, dans tous les organes, pour produire ici la nutrition, et là des sécrétions, en un mot pour mettre en jeu toutes les fonctions de l'économie animale,

depuis celles qui dépendent du cerveau, jusqu'à celles qui se bornent à l'expulsion des
matières excrémentielles.

Si l'on m'objecte que la bile est sécrétée
dans l'organe hépatique, par un fluide différent du sang artériel, je répondrai qu'aussi
cet organe reçoit ce fluide par un appareil
particulier, mais que d'ailleurs la nutrition,
les mouvements toniques du foie n'en sont pas
moins produits par le sang artériel qui le par-
court de toute part.

Dans les cavités droites du cœur, le sang
contient dans l'état de rapprochement, mais
non de combinaison parfaite, les matières
rapportées de nos différents organes par les
différentes veines, ainsi que les produits de la
digestion et ceux de l'absorption ; mais lorsque
l'hématose a été complétée par l'influence de
l'oxigène et par les mouvements qui ont lieu
incessamment dans l'organe pulmonaire et
dans le cœur, le sang artériel ne forme plus
qu'un tout homogène où il est impossible de
distinguer aucune des parties qui sont entrées
dans sa combinaison. C'est ainsi que portée ra-

pidement à tous les tissus du corps par l'impulsion du cœur, favorisée d'ailleurs par la
sensibilité particulière des tuniques artérielles,
cette masse identique arrive sans avoir subi
la moindre décomposition, la moindre altération aux vaisseaux capillaires; ceux-ci la distribuent aux différents organes qui, doués
chacun d'une sensibilité particulière, s'appro-
prieront les éléments qui peuvent les réparer
et les nourrir.

Il est bien évident, comme je l'ai déjà dit, que
les fluides veineux et lymphatiques sont non
seulement impropres à la nutrition, mais qu'ils
produiraient une affection morbide dans toutes les parties où ils séjourneraient. Il est d'ailleurs bien connu que tous les vaisseaux veineux
et absorbants, loin de tirer leur substance des
sucs qui les parcourent, sont nourris eux-
mêmes par des vaisseaux artériels.

Chaque organe étant doué d'une sensibilité
propre et élective, choisit lui-même, lorsque
cette sensibilité est excitée par la présence de
l'oxigène, la partie du fluide alimentaire qui
lui convient et que le sang artériel abandonne.

Ainsi le cerveau, tout le système nerveux, attirent à eux l'albumine contenu dans les nombreux vaisseaux qui les pénètrent; les os attirent les sels calcaires dont ils s'encroutent; les muscles s'approprient la fibrine, les autres tissus se comportent de même.

On voit donc que l'entretien de la vie n'est, comme je l'ai dit, qu'une transformation continuelle de fluides en solides, et de solides en fluides.

On a supposé que les organes sécrétoires étaient pour la plupart destinés à retirer du sang artériel des parties hétérogènes, c'est-à-dire, à lui faire subir une certaine épuratino avant son arrivée dans les autres organes de la vie; mais il est certain qu'aucune sécrétion n'a lieu avant la nutrition, et que les glandes destinées à les opérer, doivent elles-mêmes la vie aux artères qui les parcourent.

Au reste, aucune des humeurs sécrétées n'existe réellement dans le sang, elles sont toutes le résultat du travail de l'organe sécréteur. Quelques-unes de ces humeurs rentrent dans la circulation, telles que les mucosités, la bile, la salive; d'autres sont rejetées du corps par les voies alvines ou urinaires, telles sont les matières fécales et les urines : mais aucune de ces humeurs ne contribue et ne peut contribuer à la nutrition, avant d'avoir été soumise à la dernière élaboration qu'éprouve le sang dans le poumon, et qui complète l'hématose (1).

On a considéré les nerfs comme le principe du sentiment et du mouvement, mais nous avons déjà dit et nous démontrerons plus tard que la sensibilité réside essentiellement dans les tissus organisés, que les nerfs dont la substance est partout identique, sont seulement les moteurs des fonctions de l'économie animale, les conducteurs des sensations, les provocateurs de la volonté, et en même temps les agents directs que celle-ci emploie pour produire les mouvements des muscles qui sont

---

(1) L'hématose est l'opération par laquelle le sang veineux et les produits de la digestion sont convertis en sang artériel.

sous sa dépendance. Les nerfs sont dans tous les cas les instruments du sens intime dans les mouvements qui, soumis à la puissance nerveuse entière, ne le sont pas toujours à la volonté.

Il résulte de ce que je viens de dire : 1°, que la sensibilité est une propriété commune à tous les tissus organisés ; 2°, que cette propriété varie non pas dans son essence, mais selon l'organisation de chaque tissu ; 3°, que cette propriété est passive, et qu'elle ne devient active que par la présence du stimulant propre au tissu dans lequel elle réside ; 4°, que chaque organe a son stimulant particulier ; 5°, que les stimulants sont intérieurs ou extérieurs ; 6°, que les premiers sont l'air et les aliments ; 7°, que la présence de l'air est incessamment indispensable à la marche des fonctions de la vie ; 8°, que la présence des aliments n'est pas incessamment indispensable à la marche de ces fonctions ; 9°, que la digestion se fait par trois organes différents ; 10°, que chaque fonction, quoique soumise à un stimu-

15.

lant particulier, l'est aussi à l'impression du stimulant général ; 11°, que l'intégrité de la vie dépend de l'ensemble des fonctions ; 12°, que chacune influe sur toutes ; et que toutes influent sur chacune, et que l'oxigène du sang est le stimulant général de toutes et de chacune.

CHAPITRE III.

De la puissance nerveuse.

La puissance nerveuse paraît dépendre d'un centre unique connu sous le nom de *cerveau,* ou plutôt d'*organe cérébral.* Il ne faut toutefois considérer le cerveau que comme un centre où viennent aboutir tous les rayons de cette puissance, et encore l'énoncé de cette proposition est-il loin d'être vrai si on la considère physiologiquement. Il est bien démontré en physiologie que la plupart des nerfs que nous considérons ici comme des rayons, loin de tirer directement leur origine du cerveau, la tirent au contraire de la moëlle épinière, de la moëlle alongée et d'autres parties plus ou moins rapprochées de cet organe. Toutefois on peut le considérer comme le point ou viennent se réunir, par une voie plus ou moins directe, les impressions reçues par les extrémités de tous les rameaux nerveux, soit que ces impressions soient produites par des objets intérieurs, soit qu'elles soient le résultat de ce qui se passe dans l'économie animale elle-même.

Dans l'un et l'autre cas le cerveau doit être regardé comme un centre unique, où viennent aboutir tous les mouvements qui se passent en nous, que les causes qui les produisent soient intérieures ou extérieures, et d'où partent aussi toutes les impulsions, soit volontaires, soit involontaires, qui font agir la machine animale. En un mot, le cerveau et ses dépendances sont un centre d'action et de réaction continuelle, d'où résultent la marche de toutes nos fonctions et toutes les relations que nous pouvons avoir avec les stimulants extérieurs nécessaires à l'entretien matériel de ces fonctions.

D'un autre côté le cerveau combine les impressions qu'il a reçues, les digère en quelque sorte; il s'en fait un principe de vie propre, que, dans l'homme, nous désignerons sous le nom de vie intellectuelle, vie particulière à notre espèce, vie qui la distingue des autres, vie d'où elle tire le pouvoir qu'elle exerce sur tout ce qui l'environne, et même celui qu'elle exerce sur elle-même. C'est particulièrement à cette vie que le cerveau est essentiel, car, à proprement parler, les mouvements, absolument indispensables à la marche des fonctions, ne paraissent pas être sous la dépendance directe de ce viscère. Ces mouvements s'exécutent, je ne dirai pas précisément, hors de notre connaissance, ce serait une grave erreur que je prétends réfuter, mais hors de son influence immédiate, car on peut assurer, et il a été démontré, que la moëlleépinière et la moëlle allongée suffisaient seules aux mouvements de la vie intérieure.

Nous avons déjà avancé quelques réflexions dans nos considérations préliminaires sur les organes par lesquels nous sommes en rapport avec l'univers extérieur : nous allons bientôt parler plus en détail de ces fonctions importantes; mais, pour ne pas nous écarter de la marche didactique que nous avons prise, nous croyons devoir nous étendre préalablement sur la partie du système nerveux qui est, selon nous, le complément de la vie intérieure, et que nous désignerons sous le nom d'organe de l'instinct.

Néanmoins nous allons avant tout nous expliquer succinctement sur ce que nous entendons par sensations.

§. I.

Des sensations en général.

L'instinct est une impulsion intérieure indépendante du raisonnement et de la volonté, en vertu de laquelle tout être organisé tend à sa conservation et à celle de son espèce. Si la nature a mis les animaux par les sens de la vue, de l'ouïe, de l'odorat, du goût, et du toucher, en rapport avec les objets extérieurs, elle a mis aussi toutes les fonctions de la vie en rapport entre elles, par une sorte de sens intime qui donne à l'animal une connaissance de ce qui se passe en dedans de lui-même.

Je sais bien que nous n'avons pas la conscience des mouvements de la digestion et de la circulation ; cependant nous nous apercevons que ces fonctions se remplissent chez nous d'une manière normale , par un sentiment de bien-être qui nous fait prononcer que nous nous portons bien ; et nous nous apercevons qu'elles s'accomplissent mal , par un sentiment opposé, qui nous fait dire que nous sommes malades.

Nous ne sentons pas le sang circuler dans nos artères ; mais quand une impression vive fait qu'il se porte avec plus de force que de coutume dans quelques parties, nous nous en apercevons à l'instant. Le moindre trouble dans la digestion des aliments, nous affecte péniblement et altère les fonctions de l'organe sensitif. Les sentiments de la faim, de la soif, et les mouvements qui nous portent à désirer les objets propres à satisfaire ces besoins, sont des impressions qui nous sont intimes et ne dépendent nullement des objets extérieurs.

Quand la nature a développé chez nous les organes de la génération, nous sommes sujets à des impressions et des impulsions irrésistibles dépendant uniquement de ces organes , et qui changent tout l'ordre de nos idées. Nous

éprouvons à l'aspect d'une femme des sensations toutes nouvelles, et qui dans l'enfance
nous étaient absolument étrangères.

Le mouvement qui porte l'enfant à rechercher le sein de sa nourrice, ne dépend certainement d'aucune impression extérieure; et
il ne ressemble point aux déterminations qui,
plus tard, nous feront choisir entre plusieurs
aliments, celui qui nous paraîtra préférable
aux autres. Il y a donc en nous une sorte de
sens intime, un certain régulateur de nos
impressions qui est lié à notre constitution
même, et ne dépend nullement des objets
extérieurs. Si nous n'avons pas toujours la
conscience de ce qui se passe dans nos viscères
abdominaux, nous nous apercevons à l'instant
du moindre trouble arrivé dans leurs fonctions.

Les animaux cherchent leurs mères et s'en
approchent avant que rien leur ait appris
qu'elles seules pouvaient satisfaire à leurs besoins : il existe donc des impressions intérieures,
suite nécessaire des diverses fonctions vitales,
et qui sont indépendantes du raisonnement et
de la volonté.

Mais il existe aussi un autre ordre d'impression que nous connaissons sous le nom de sensations extérieures.

Quand un corps étranger est mis en contact avec nos extrémités nerveuses, il se passe en nous un certain mouvement qui, lorsque nous en prenons connaissance, nous affecte agréablement ou désagréablement, c'est-à-dire, qui nous engage à rechercher ou à fuir la cause de cette impression : ce sont les nerfs qui sont les conducteurs de ces impressions, et qui les font parvenir au centre sensitif. C'est cette propriété que l'on a désignée sous le nom de *sensibilité*, et à laquelle nous donnerons le nom de *sensation*.

Car le mot de sensibilité n'exprime point du tout ce qui se passe en nous quand des corps étrangers affectent nos extrémités nerveuses, et produisent des impressions sur notre centre sensitif ; car il peut arriver que nos extrémités nerveuses soient affectées sans que nous en ayons connaissance, et dans ce cas il n'y aurait pas de sensation.

Le premier effet qui résulte de l'application d'un corps étranger sur nos extrémités nerveuses, est un changement dans ces parties ; le second est un changement dans le cerveau qui résulte de l'impression qui lui a été communiquée, et c'est seulement ce second effet que nous désignerons par le mot de sensation ; mais il est encore un troisième effet qui détermine deux changements dans le cerveau, et que nous désignerons par les mots de perception et d'attention.

Les deux premiers effets sont purement physiques et matériels ; le troisième est au contraire purement intellectuel, mais il est le résultat des deux premiers.

Nous ferons toutefois remarquer que, tous les métaphysiciens étant d'accord pour considérer les sensations comme de pures affections de l'esprit, la plupart des physiologistes eux-mêmes ont partagé cette singulière erreur. Cependant il est facile de se convaincre que les affections du cerveau et des extrémités nerveuses produites par un corps étranger, sont des phénomènes bien différents de ceux qui se passent dans l'esprit : il est donc nécessaire de les désigner par des expressions différentes.

Le changement produit dans les nerfs par la présence d'un corps étranger, peut être considéré comme une simple impression nerveuse ; celui produit dans le cerveau par les nerfs peut être désigné par le mot de perception. Ce n'est, il faut en convenir, que d'après certaines conditions que nous prenons connaissance des impressions communiquées au cerveau par les nerfs, et la première de ces conditions c'est l'attention. Il faut remarquer encore qu'une perception mentale est fort différente de la conscience que nous en avons. Une perception mentale est une pure impression, un effet passif, produit par un objet extérieur, et qui résulte des propriétés physiques de cet objet ; mais la conscience que nous avons de ces propriétés résulte d'un principe actif de l'esprit, par le moyen duquel nous connaissons non seulement l'action produite par l'objet extérieur, mais encore ce qui se passe en notre esprit, et ce qui résulte pour lui de ses propres opérations. Il était donc bien important de déterminer avec soin la différence qui existe entre l'impression nerveuse et la conscience de cette impression, choses qui, jusqu'à présent, ont été confondues sous le nom générique de sensation.

D'abord l'impression nerveuse est de deux espèces, l'une extérieure et l'autre intérieure. La première consiste en ce qui se passe immédiatement dans la partie des nerfs appliquée à un corps étranger, dans quelque organe qu'elle se trouve. C'est pourquoi nous considérons comme des impressions extérieures, tout ce qui se passe dans les extrémités nerveuses de la peau, des yeux, des oreilles, de la bouche, de l'estomac, des intestins, de la vessie, etc.; et comme des impressions intérieures, les changements produits soit dans le cerveau, soit dans la moëlle allongée, soit dans la moëlle épinière.

Personne n'ignore qu'il suffit d'irriter la moëlle épinière dans des animaux décapités, pour produire chez eux des mouvements convulsifs, et même des mouvements volontaires

que l'on peut considérer comme des impressions nerveuses extérieures.

Mais selon le rapport des idées que nous
nous formons de ces impressions, le cerveau,
comme nous venons de le dire, peut être considéré comme le centre commun d'un grand
cercle, où aboutissent toutes les extrémités
nerveuses de la circonférence ; ainsi toute impression arrivant de la circonférence au centre,
peut être considérée comme extérieure, tandis
que toute celle qui va du centre à la circonférence, sera considérée comme intérieure. Toutefois une impression peut être à-la-fois extérieure et intérieure dans ses effets secondaires,
quand elle est reçue dans la partie d'un nerf
qui va du centre à la circonférence; par exemple un coup reçu au coude, retentit jusqu'à
l'extrémité du petit doigt, et l'impression qu'il
produit dans l'esprit de la personne qui a reçu
ce coup peut être considérée comme extérieure,
tandis que la douleur ressentie au petit doigt
peut être considérée comme intérieure.

La maladie connue sous le nom d'épilepsie,
prive le malade de ses facultés intellectuelles

et de la conscience de ce qui se passe en lui. Les muscles des mouvements volontaires et involontaires éprouvent de violentes convulsions, cependant la respiration et la circulation n'en continuent pas moins, ou du moins ne sont que légèrement altérées. C'est un fait connu que cette maladie peut résulter d'une irritation locale, causée par des vers dans les intestins, ou par quelque matière étrangère qui excite la sensibilité de ces parties délicates.

L'explication de ces phénomènes se présente naturellement d'après ce que nous avons dit concernant les effets des corps étrangers sur tout le système nerveux.

Toutes les impressoins reçues aux extrémités des nerfs sont portées au cerveau, et il est probable que les déterminations de cet organe, ou la perception, sont toujours de la même espèce que les impressions originales reçues par les nerfs. Quand elles sont faibles, le cerveau est faiblement affecté, et il l'est fortement quand elles sont violentes. On peut donc supposer que quand le cerveau est dérangé par la violence des impressions, il n'est plus propre à s'en rendre compte. Dans certains cas, le dérangement des nerfs des intestins, produit par la présence des vers, est si grand, qu'il porte le trouble dans le cerveau et empêche toutes les opérations mentales. C'est ce qui fait que dans l'épilepsie l'organe cérébral est incapable de recevoir les impressions des objets extérieurs, et paraît avoir perdu sa propre sensibilité. Il n'en est pas moins vrai que les impressions produites par les vers sur les nerfs des intestins, sont transmises à toutes les parties musculaires du corps, et qu'agissant sur elles comme un stimulant matériel, elles les font entrer en convulsions. Les muscles en ce cas sont tour-à-tour relâchés et excités selon les lois générales de la sensibilité et du mouvement

On voit par-là que les impressions des nerfs et du cerveau diffèrent beaucoup des perceptions de l'esprit; ainsi quand nous parlons des impressions en général, nous n'entendons parler que des affections corporelles, bien différentes des perceptions mentales qui n'ont lieu que quand les impressions opèrent sur l'esprit, comme on le verra dans la suite de cet ouvrage.

Est-ce à la nature du changement produit sur nos nerfs, par l'action d'un corps étranger, que nous devons donner le nom d'impressions nerveuses ? Voilà une question importante. Voici comment Cricthon a prétendu la résoudre.

« Quand un corps est appliqué fortement contre un autre, il en résulte immédiatement deux effets différents : d'abord une certaine quantité de mouvement se communique de l'un à l'autre, et il en résulte un changement dans leur situation relativement aux objets dont ils sont environnés : secondement les parties de chacun des deux corps qui sont entrées en contact au moment de la percussion, sont dérangées de la situation qu'elles avaient antérieurement. »

« Ce dérangement et ce déplacement des parties, diffèrent selon la nature des corps, et elles diffèrent aussi dans les mêmes corps selon certaines circonstances. »

« D'abord ces effets varient selon les degrés de

'force avec lequel les deux corps se choquent. Quelquefois il n'en résulte qu'un déplacement temporaire, et après le choc, les parties reprennent leur première situation. Ainsi quand deux boules d'ivoire sont lancées l'une contre l'autre, les parties de chacune d'elles subissent une compression momentanée et elles s'applatissent; mais après le choc, ces parties reprennent leur première situation. Dans d'autres corps le dérangement des parties est permanent, et il peut être de deux espèces. Dans un certain cas les parties de l'un des corps sont tellement éloignées par le choc du reste de la masse, qu'elles ont perdu leur attraction pour elle, et en restent définitivement séparées; d'autres fois les parties du corps frappé sont si éloignées de leur sphère de répulsion qu'elles demeurent dans la position dans laquelle elles ont été forcées de se mettre|; comme, par exemple, quand une balle est jetée contre un corps d'argile molle. »

« Dans ce second cas, le dérangement des parties diffère selon la densité de deux corps, car il est évident qu'un corps dur occasionne-

16.

ra un plus grand déplacement des parties sur
un corps mou que sur un autre d'une densité égale à la sienne, puisque la force de résistance est beaucoup moindre dans le premier
cas. Enfin la différence est encore en raison
de l'élasticité des corps. Dans les corps élastiques, les parties sont très-rapprochées de
leur sphère de répulsion mutuelle : dans ce
cas la·moindre compression suffit pour les
mettre en action , et les parties ont une
tendance immédiate à rentrer dans leur première position ; mais comme la répulsion
ou la cause de l'élasticité exerce son influence également dans toutes les directions,
il est évident que les particules voisines de
celles qui ont été frappées, doivent être aussi
déplacées , que leur déplacement entraînera
celui des autres, et qu'ainsi l'impression d'un
corps extérieur sera transmise à une grande
distance. C'est d'après ce principe que le son
parvient à de grandes distances à travers les
corps solides élastiques. Sans doute, il y a un
point où cet effet doit cesser ; car comme aucune compression ne peut avoir lieu sans une

sorte de frottement entre les parties, l'action du pouvoir comprimant doit s'affaiblir graduellement. »

« En quatrième lieu le dérangement des parties d'un corps frappé diffère encore selon la surface de celui qui frappe; cela est évident surtout dans les corps qui ne sont pas éminemment élastiques. Quand nous pressons avec le doigt sur de l'argile molle, nous observons sur elle l'empreinte des rides de notre peau, et d'après le même principe, le soufre fondu, le verre fondu, la cire, retiennent l'impression de beaucoup de corps sur leur surface. La même chose arrive aux corps élastiques, si leurs parties ne rentrent pas dans leur première position, aussitôt que la force qui les en a fait changer est retirée. J'appelle l'effet général que produit un choc sur certains corps, figure de l'impression, ou simplement l'impression. »

« La facilité avec laquelle l'impression de quelque corps étranger passe de la partie où elle a été reçue directement dans le reste de la masse, semble être en raison directe du pouvoir de réaction particulier à ce corps. Ainsi elle doit être plus grande dans les fluides que dans les solides élastiques. Rien ne prouve mieux cette proposition que ce qui se passe dans les divers gazes et dans l'air, qui possèdent au suprême degré la faculté de réaction. »

« Les parties de ces corps ne sont pas dans un état de contact parfait, c'est une vérité reconnue de tous les physiciens : car indépendamment du pouvoir de réaction dont elles sont douées, et qui s'oppose à leur union, on trouve encore entre elles des parties de calorique interposées qui s'opposent à leur union intime ; et l'on sait que les corps les plus solides diminuent de dimension quand on les prive du calorique, et rentrent dans leur premier état, quand on leur restitue leur première température. Soit que le calorique se combine avec les corps pour augmenter leur pouvoir de réaction , soit qu'il ne soit qu'en suspension entre chaque partie, il n'en est pas moins vrai que c'est à la présence de la chaleur que ces corps doivent leur plus grande force de réaction »

« Ainsi, quand on affirme que les parties médullaires qui entrent dans nos nerfs ne sont jamais en parfait contact, on assure seulement que ces organes ont une qualité commune à tous les autres corps. »

« Les parties grises du cerveau et des nerfs eux-mêmes sont très-vasculaires ; elles sont molles, pulpeuses, et humides en apparence ; cela porte à croire qu'un fluide d'une espèce particulière est continuellement secrèté par les molécules qui les composent, et que ce fluide est plus qu'aucun autre disposé à communiquer l'impression qu'il a reçue. Je ne vois pas de raison pour supposer à ce fluide un état de division aussi grand que celui qu'on pourrait accorder à l'éther, et il n'est pas même nécessaire de considérer les nerfs comme des tubes dans lesquels ce fluide circule. Il est une partie constituante de leurs tissus, il entre dans toutes les parties médullaires et il les constitue. »

« Les parties de ce fluide, aussi bien que celles de la substance médullaire ont chacune leur atmosphère de calorique, qui probablement augmente leur pouvoir de réaction. Que des parties de ce fluide soient forcément dérangées de sa situation naturelle, toutes celles qui au-

ront été comprimées agiront sur les plus voisines, et bientôt celles-ci sur d'autres, c'est ainsi
que l'impression sera transmise au cerveau. Il
suit de là, nécessairement, que ce que nous
considérons comme une propriété des corps
extérieurs n'est à proprement parler qu'un
changement arrivé dans nos propres nerfs. A
la vérité ce changement est le résultat des propriétés particulières à ces corps, mais elles
sont alors combinées avec les affections de nos
nerfs. C'est sur cette combinaison que se fonde,
en grande partie, cette prodigieuse diversité
dans les observations et les jugements que
portent, du même objet extérieur, des individus différents, et souvent le même individu
placé dans des circonstances diverses. »

« Toutefois, comme le fluide qui porte les
impressions des objets intérieurs au cerveau
paraît fourni par les nombreux capillaires qui
parcourent les nerfs, il s'en suit nécessairement que la sensibilité nerveuse doit être al-
érée par tout ce qui peut dépraver l'action de
ces vaisseaux : et de là, la sensibilité nerveuse
est soumise à deux lois. »

Cette théorie de la force nerveuse est bien incomplette, puisqu'il est démontré par des expériences directes que les nerfs du mouvement n'ont pas la même origine que ceux qui communiquent à l'un des centres sensitifs les impressions produites par les corps extérieurs. Toutefois, elle donne une idée assez exacte de l'effet qui résulte de ces impressions sur le centre sensitif.

Je conçois très-bien que les nerfs frappés à leur extrémité excentrique par un corps étranger conduisent jusqu'au cerveau l'impression agréable ou douloureuse qu'ils ont reçue de la part de ces corps, mais comment ces impressions se combinent-elles dans le cerveau de manière que celui-ci ordonne tel ou tel mouvement? La sensation est de nécessité puisqu'elle est produite par un corps que nous pourrions éviter à la vérité, mais dont aucun animal, quel qu'il soit, n'est le maître de modifier l'action sur le centre sensitif. Le mouvement résultant de l'impression est au contraire de toute liberté, puisque l'animal peut à son gré agir ou ne pas agir d'après l'impression qu'il a reçue.

Je vois un objet dont l'aspect m'est agréable, tout me porte à m'en approcher, je m'en éloigne toutefois : que voit-on dans ce mouvement qui dépende de cet objet lui-même, et même de l'impression qu'il a produite sur moi ? rien, absolument rien.

L'épilepsie et les mouvements convulsifs dont parle l'auteur anglais, ne prouvent rien contre la liberté du mouvement de réaction, ce sont seulement des symptômes évidents de l'anéantissement momentané des facultés intellectuelles. Qu'est-ce que cet anéantissement momentané de la puissance nerveuse ? comment est-il produit, voilà deux questions qui me paraissent de la plus haute importance en physiologie.

Bichat, en établissant une différence essentielle entre la vie organique et la vie animale, aurait presque rendu impossible la solution de ces deux questions, si toutefois ce physiologiste n'était pas convenu d'une manière assez directe, que ces deux parties de la vie sont essentiellement inséparables, au moins dans leur résultat. On sent bien que ce grand physiologiste était bien persuadé que ce

résultat n'était pas divisible, il ne pouvait pas
donc avoir annoncé deux causes de cet effet
simultané et unique, à moins que la différence
qu'il établit entre ces deux causes ne fût exclusivement fondée sur la diversité des tissus
dans lesquels l'une et l'autre résident.

En attachant des caractères divers et même
opposés aux moteurs de l'une et de l'autre de
ces deux vies, on n'a pas vu qu'on séparait
ce que la nature a uni d'une manière très-in-
time, qu'on ne faisait ainsi que reculer la difficulté, et même la rendre invincible.

Ne fallait-ils pas mieux respecter l'irritabilité et la sensibilité halleriennes, que de venir
nous parler de contractilité insensible et de
contractilité sensible, comme s'il se passait
quelque chose d'extraordinaire dans la vie
dont le cerveau ne prît pas connaissance. C'est
en vérité faire d'un animal deux individus,
tandis que la nature a rendu inséparable les
fonctions qui appartiennent à la vie de nutrition, de celles qui appartiennent à celle de
cognition, de prédilection et de choix

On peut concevoir un animal dépourvu des
sens de la vue, de l'ouïe, de l'odorat, mais on

ne concevra pas même un végétal privé de
celui du goût. Ce végétal, en effet, cherche et
choisit dans la terre où il est implanté les sucs
nécessaires à sa nutrition ; et comment les
choisira-t-il si ses racines que j'appelle ses
bouches n'avaient pas pour les uns une sorte
de prédilection et pour les autres une sorte
d'aversion. On ne me dira pas sans doute que
la sensibilité des racines de ce végétal est une
qualité qui pourrait bien être étrangère à certaines parties d'un animal.

La faculté animale qui détermine les mouvements de la vie de rapport n'est autre chose
que la conséquence nécessaire de toutes celles
qui constituent la vie intime, celle-ci est donc
le principe de celle-là ; et en bonne logique,
toute conséquence nécessaire est confondue
avec le principe : donc en séparant le principe
de sa conséquence nécessaire, on tombe dans
une grande absurdité.

Nous savons bien que Messieurs les physiologistes ne se contentent pas d'un raisonnement quelque concluant qu'il puisse être,
et qu'il leur faut des faits et des observations.
Recherchons donc des faits et des observa-

tions qui puissent nous donner une idée je ne dis pas de la nature, mais des principes de nos sensations.

§ II.

Recherches faites par Legallois sur le siège du sentiment et du mouvement.

Depuis Haller jusqu'à Legallois, le cerveau avait été considéré comme la source unique de la puissance nerveuse, mais ce dernier a démontré par des expériences directes, que le cerveau n'est point la source unique de cette puissance. Non seulement il a fait vivre par l'insufflation des animaux décapités, mais il a démontré jusqu'à l'évidence que l'entretien de la vie dans un animal quelconque, dependait d'une part, de l'intégrité de la moëlle épinière et de ses communications nerveuses, de l'autre de la circulation du sang artériel. Il a justement conclu de là qu'on pouvait faire vivre telles parties que l'on voudrait d'un animal aussi long-temps que l'on pourrait y faire subsister ces deux conditions : et il a prouvé par des ex_ périences multipliées, que cette conséquence était de la plus grande justesse.

En effet, ayant introduit un stilet dans le canal vertébral d'un lapin entre la dernière vertèbre dorsale et la première lombaire, et détruit par-là toute la portion lombaire de la moëlle épinière, il s'aperçut que le train de derrière avait été à l'instant privé de sentiment et de mouvement; tandis que tout le reste du corps restait plein de vie, et que pendant deux minutes la respiration continuait à peu-près comme auparavant

Ayant ensuite détruit la moëlle dorsale sur un animal de la même espèce, et la moëlle cervicale sur un autre, il s'aperçut que, dans le premier, la mort de tout le milieu du corps avait suivi immédiatement cette opération, tandis que le train de devant et celui de derrière étaient restés vivants pendant une minute et demie. Dans le second il vit cesser à l'instant tous les mouvements expiratoires du thorax, tandis que la sensibilité subsista pendant une minute et demie dans toutes les parties postérieures du corps à compter depuis les épaules.

Enfin il détruisit simultanément les trois portions de la moëlle épinière sur un quatrième lapin, et toutes les parties de cet animal furent frappées de mort subite, à l'exception de la tête où l'on remarquait quelques baillements.

« Tous ces faits, dit Legallois (1), concourent
« à prouver qu'une portion quelconque de la
« moëlle épinière exerce sur la vie, deux
« modes d'actions bien distinctes. Par l'un
« elle constitue essentiellement la vie, dans
« toutes les parties auxquelles elle fournit
« des nerfs. Par l'autre, elle contribue à l'entre-
« tenir dans toutes celles qui reçoivent les
« leurs du reste de la moëlle. Par exemple,
« quand on détruit la moëlle lombaire dans
« un lapin de vingt jours, c'est en vertu du
« premier mode d'action, que la vie est anéan-
« tie instantanément dans le train de derrière;
« et c'est en vertu du second qu'elle ne subsiste
« qu'environ trois minutes dans le reste du
« corps. »

(1). T. I p. 78.

« Toute la question était donc de savoir
» en quoi consiste ce genre d'action que
» chaque portion de moëlle exerce sur la vie
» des deux autres : or mes expériences pré-
» cédentes m'ayant conduit à n'admettre que
» deux conditions comme indispensables à
» l'entretien de la vie dans une partie quel-
» conque du corps, savoir l'intégrité de la
» moëlle correspondante, et la continuation
» de la circulation ; il était difficile de com-
» prendre comment la destruction d'une por-
» tion de moëlle pouvait porter atteinte à
» l'une ou à l'autre de ces deux conditions ».

« Une considération semblait mettre hors
» de tout soupçon celle de ces conditions qui
» concerne l'intégrité de la portion de moëlle
» non détruite ; c'est que si la destruction de
» la moëlle lombaire dans un lapin de vingt
» jours, par exemple, nuisait à l'intégrité du
» reste de la moëelle, au point d'en faire
» cesser les fonctions presque subitement ; le
» même effet devait avoir lieu à tous les âges ;
» mais il n'en est point ainsi. Une expérience
» directe achevait de lever tous les doutes à

» cet égard. Cette expérience consiste à couper
» transversalement la moëlle épinière entre
» la dernière vertèbre dorsale et la première
» lombaire dans un lapin âgé de vingt jours
» au moins. Après cette opération, le senti-
» ment et les mouvements volontaires conti-
» nuent d'avoir lieu, même dans le train de
» derrière. Mais il n'y a plus de rapport de
» sentiment ni de mouvement entre les par-
» ties antérieures et les parties postérieures à
» la section de la moëlle : c'est-à-dire que si
» l'on pince la queue ou bien une des pattes
» postérieures, tout le train de derrière s'agite,
» mais celui de devant n'en paraît rien res-
» sentir, et il ne bouge pas. Réciproquement,
» si l'on pince une oreille ou une des pattes
» de devant, les parties antérieures s'agitent,
» mais les postérieures demeurent tranquilles.
» En un mot, la section de la moëlle a évi-
» demment établi dans le même animal deux
» centres de sensation bien distincts, et in-
» dépendants l'un de l'autre ; l'on pourrait
» même dire deux centres de volonté, si les
» mouvements que fait le train de derrière

» quand on le pince supposent la volonté de
» se soustraire au corps qui le blesse (1).

Quand vingt minutes après cette section,
Legallois détruisit la portion lombaire de la
moëlle, le train de derrière éprouva de fortes
convulsions, celui de devant resta impassible ;
et cependant la vie s'y éteignit au bout de
quelques minutes.

Il restait à examiner si la destruction de la
moëlle épinière arrête ou dérange la circulation générale, et dans ce cas, ce ne pouvait
être qu'en affaiblissant ou en faisant cesser les
mouvements du cœur. Mais puisque les mouvements de cet organe continuent après la
destruction de cette moëlle, comme Legallois
s'en est assuré, il faut donc que ces mouvements tirent aussi de cette moëlle le degré de
force nécessaire pour pousser le sang presque
dans les capillaires.

Pour s'assurer d'un fait aussi important, Legallois fit successivement un grand nombre
d'expériences sur des lapins de différents âges.

_____

(1) *Ibid.* p. 79 et suivantes.

Nous ne parlerons que de celles qu'il exécuta sur ceux de ces animaux qui étaient âgés de vingt jours.

Il s'est assuré qu'après la section de la moëlle à l'occiput, la circulation ne cesse que parce que les mouvements inspiratoires sont devenus impossibles, que la sensibilité disparaît au bout de trois minutes, et que les baillements cessent à trois minutes un quart. Il a vu de plus que l'insufflation pulmonaire ayant été commencée quatre minutes et demie après cette section, les carotides étant noires et rondes, et les battements du cœur très-distincts, ces artères se remplirent en moins de cinq secondes, d'un sang vermeil, que les baillements reparurent à quatre minutes trois quarts, et la sensibilité après cinq minutes. Au bout de huit minutes, il fit l'amputation d'un pied, il en vit sortir un sang vermeil; enfin l'insufflation ayant été continuée pendant dix minutes, les baillements, la sensibilité et l'hémorragie continuèrent.

Au bout de ce temps, il décapita l'animal, après avoir fait la ligature des carotides et des veines jugulaires : les mêmes phénomènes con-

17.

tinuèrent. Il sortit du sang noir du moignon du col. On reprit l'insufflation à douze minutes, la sensibilité se conserva, et à seize minutes, l'amputation d'une jambe produisit une hémorragie vermeille.

A dix-huit minutes, la sensibilité étant bien prononcée, et les battements de cœur distincts, toute la moëlle épinière fut détruite ; un instant après les battements du cœur cessèrent et ne revinrent plus, quoique l'insufflation eût été continuée jusqu'à vingt-six minutes. Une cuisse coupée à ving minutes, et l'autre à vingt-quatre, ne saignèrent ni l'une ni l'autre, cependant les veines pulmonaires étaient vermeilles.

Legallois répéta ces expériences sur d'autres lapins, et il s'assura par des signes tirés de la couleur ou de l'absence de l'hémorragie, de la couleur ou de la flacidité des carotides, de la facilité ou de l'impossibilité de sentir les battements du cœur à travers les parois de la poitrine ; que, la circulation continuant après la décapitation, et la section de la moëlle à l'occiput, tant que dure l'insufflation, et que cette circulation cessant immédiatement après la destruction de la moëlle épinière, et plus ou moins promptement après la destruction de l'une ou de l'autre des parties de cette moëlle, il ne peut pas rester de doute que dans ces derniers cas, toutes les fois que la vie cesse dans les parties de l'animal qui n'ont pas été frappées de mort par la destruction de la moëlle, c'est parce que cette destruction a arrêté la circulation.

On remarque dans ces expériences que, si l'on commence par l'occiput la destruction de la moëlle épinière, il y a toujours asphixie avant que la circulation cesse, et l'on doit en conclure que les veines pulmonaires et les cavités gauches du cœur ne contiennent que du sang noir, ainsi que les cavités droites. Il faut donc bien que l'insufflation rétablisse la circulation, et que par cette opération, il se soit formé du sang artériel, puisqu'il en arrive dans les carotides.

« Il est donc démontré que la destruction » de la moëlle épinière arrête subitement » la circulation, et que par conséquent les » mouvements du cœur puisent toute leur » force dans cette moëlle, ceux qui subsistent

» après cette destruction, soit après que le
» cœur a été soustrait à l'action de la puis-
» sance nerveuse de toute autre manière, et
» qui en ont imposé à Haller, sont des mou-
» vements sans force et parfaitement analo-
» gues aux mouvements d'irritabilité qu'on
» observe dans les autres muscles plus ou
» moins long-temps après la mort. »

D'un autre côté, le savant physiologiste
dont il s'agit, ayant fait sur un lapin la ligarde de l'aorte abdominale immédiatement
au-dessous de l'artère iliaque, point corres-
pondant au commencement des vertèbres lom-
baires, il reconnut que le mouvement et la
sensibilité avaient disparu au bout de deux
minutes et un quart dans le train de derrière,
quoique celui de devant fût demeuré bien vivant. Cet état pour les parties antérieures dura,
selon ce qu'il dit, et que nous sommes obligés
de croire, plus de quinze minutes : mais les
parties postérieures devenues flasques et absolument insensibles, prouvaient que la moëlle
lombaire avait entièrement perdu son action,
et ne contribuait en rien à l'entretien de la
vie.

Il est donc clair que le cerveau ne contribue à la vie qu'autant qu'il agit directement au moins par son premier appendice, qui est la moëlle allongée sur les mouvements inspiratoires, que ceux-ci sont indispensables à la formation du sang artériel, que ce dernier fluide est le principe de la vie, et que cependant il ne peut contribuer à son entretien qu'autant que la moëlle épinière imprime par une action continue aux mouvements du cœur, la force nécessaire à l'entretien de la circulation. Cette fonction distribue partout le fluide immédiatement nécessaire aux mouvements généraux et même particuliers de la vie. De là il résulte que si les centres nerveux sont nécessaires à la vie, le sang artériel ne l'est pas moins à celui de ces centres et de toutes leurs dépendances; qu'en un mot, l'innervation et la circulation sont les moteurs généraux et principaux de toutes les fonctions vitales, et que ces moteurs sont d'ailleurs inséparables, puisque l'un ne peut exister sans l'autre.

Comme nous nous bornons à des considérations générales, nous sommes dispensé d'entrer dans aucune discussion sur la question de savoir si le centre nerveux a été formé dans l'embryon avant le cœur. Si toutefois on nous proposait cette question, nous nous croirions autorisé à y répondre d'une manière affirmative. En effet, les premiers indices du cœur paraissent dans l'embryon plusieurs jours après cette ligne nécessairement vivante et active, qui paraît être le premier rudiment de la moëlle épinière. Mais dans le sein maternel le nouvel individu ne vit pas de sa vie propre, et les stimulants nécessaires à son accroissement sont fournis par sa mère. Toutefois on peut, on doit même croire que le système nerveux étant le moteur du cœur, il faut que son action commence avant celle de l'organe auquel il imprime le mouvement.

On a vu plus haut qu'un enfant acéphale pouvait vivre plusieurs jours après sa naissance : on pourrait conclure de là, que le cerveau n'est pas nécessaire à l'entretien de la vie. Mais si l'on considère que ce viscère fournit le premier mobile de la respiration, que le

pneumo-gastrique qui en émane exerce d'ailleurs une grande influence sur les fonctions de
la vie, on conçoit que le fœtus privé de l'organe cérébral, ne peut exister, si ces fonctions
ou les organes qui les remplissent ne conservent pas assez du stimulant qui leur a été communiqué par la mère pour exercer l'action et
la réaction mutuelles, nécessaires à leur mouvement. Or, comme cette action et cette réaction consomment incessamment une certaine
quantité de ce stimulus, il s'ensuit nécessairement que l'enfant ne peut plus vivre après que
cette consommation est complète. Quoi qu'il
en soit, comme ce ne sont point les seuls phénomènes mécaniques de la respiration, mais
encore les fonctions propres du poumon qui
sont sous la dépendance du cerveau, il en résulte que dans un animal à sang chaud qui a
déjà respiré les forces du cerveau, ayant déjà
exercé une grande influence sur les autres
fonctions, la section des nerfs de la huitième
paire doit rendre la mort beaucoup plus
prompte que celle qui arrive par abstinence
dans celui qui n'a pas encore respiré.

Les organes ou plutôt les fonctions qui résultent d'un certain nombre d'organes, se forment successivement, et jouissent, à ce qu'il paraît, dans l'embryon d'une existence en quelque sorte indépendante; mais une fois que la vie a été soumise à leur concours mutuel, ce concours devient indispensable à son entretien.

Les viscères du bas ventre servent à préparer les matériaux propres à réparer les pertes que les différentes secrétions font continuellement éprouver au sang; ceux de la poitrine sont destinés à mettre ce fluide en circulation ; le poumon lui donne le caractère artériel, et le cœur le distribue à toutes les parties. La vie peut subsister quelques minutes après que le sang a cessé de circuler, ou qu'il a perdu ses qualités artérielles, mais elle n'a jamais qu'une durée plus ou moins courte. L'on peut donc en conclure, qu'elle résulte de l'impression du sang oxigéné sur le cerveau et la moëlle épinière; que, si cette impression une fois produite a une durée, cette durée est si courte, que la vie cesse aussitôt que les nerfs ne l'éprouvent plus, en sorte que si le systême nerveux est l'agent immédiat de la vie, le fluide sanguin en est le principe, et que la cause est tellement liée à l'effet, qu'on peut rigoureusement les regarder comme agissant simultanément. Le renouvellement continuel du sang artériel est donc la cause nécessaire de l'entretien de la vie commencée.

On a beaucoup fait de conjectures sur le principe de l'action que les nerfs exercent sur toutes les fonctions de l'économie, on voit d'après ce que je viens de dire, qu'il ne fallait pas la chercher ailleurs que dans l'oxigène du sang. Cet oxigène est le stimulant général de toutes les parties, la cause de toutes les assimilations, de toutes les sécrétions, et de tous les mouvements intérieurs. En effet, la pulpe nerveuse non-seulement tire son origine des innombrables artériocles qui la parcourent dans toutes ses ramifications; mais encore elle leur doit tous ses mouvements.

Ainsi l'on voit de plus en plus clairement que la vie dépend du concours général de toutes les fonctions de la vie, et des stimulants de chacune de ces fonctions. Mais comme les stimulants s'usent par l'action même qu'ils exercent, il faut qu'ils soient incessamment renouvelés ; et ce renouvellement dépend de certains actes qui sont sous la dépendance directe et immédiate de la moëlle épinière et du cerveau, dont les fonctions sont de diriger toutes les déterminations et tous les mouvements extérieurs résultant de ces déterminations.

. On a attribué la cause de ces déterminations et de ces mouvements aux impressions que le cerveau reçoit par les sens extérieurs, sans faire attention que la plupart de nos actes de la vie sont le résultat de nos besoins et de nos appétits, et que ceux-ci prennent directement leur source dans l'économie animale elle-même.

On a attribué la cause de l'influence nerveuse sur le cerveau, à des sensations, à certaines vibrations de nerfs eux-mêmes, à certains fluides, tels que l'électrique, le magnétique, le galanique, et même à certaine action des nerfs eux-mêmes. Mais quand bien même on aurait découvert la cause des sensations, aurait-on découvert celle des déterminations et celle des mouvements volontaires qui sont le résultat de ces dernières? Non sans doute.

Les nerfs sont des cordons blancs qui tiennent par une de leurs extrémités à la moëlle épinière et cranienne; qui, par l'autre, sont épanouis dans la peau, les sens, les membranes muqueuses, les muscles, les parois des vaisseaux : ils ont entre eux diverses sortes de réunions qui servent de conducteurs, et établissent des communications entre leurs parties.

Les filets nerveux marchent par paquets qui forment ensemble un cordon ; chaque filet est essentiellement formé intérieurement d'une substance blanche, molle, pulpeuse, semblable à celles du cerveau et de la moëlle épinière, et consistant comme celles-ci en un assemblage de globules microscopiques : cette substance est contenue sous une enveloppe, connue sous le nom de nevrilème, et qui ne l'abandonne qu'à ses deux extrémités, ou dans les ganglions qu'elle traverse.

Les nerfs reçoivent des vaisseaux sanguins très-volumineux, relativement à leur volume. Le *nevrilème* leur donne une ténacité très-grande. La matière médullaire qui les constitue est immobile dans l'intérieur de cette enveloppe, puisque le tissu cellulaire qu'elle renferme pénètre entre les molécules de cette matière d'ailleurs très-visqueuse.

Quelques nerfs sont uniquement conducteurs du sentiment : tels sont les nerfs olfactifs, optiques, acoustiques; d'autres sont exclusivement destinés au mouvement : tels sont les nerfs oculo-musculaires.

Il n'y a dans la face que le nerf trijumeau et le nerf sous-occipital qui soient à la fois destinés au sentiment et au mouvement. A la vérité, les nerfs des membres et du tronc que fournit la moëlle épinière, ne se composent que d'un seul cordon. Mais les filets qui viennent des racines postérieures, sont seuls destinés au sentiment, et ceux qui viennent des racines antérieures sont exclusivement destinés au mouvement. Ce sont des faits incontestables démontrés par un grand nombre d'expériences faites par MM. Charles Bel et Magendie.

Il résulte de là, que si l'on voulait attribuer l'influence nerveuse à la présence d'un fluide quelconque, il faudrait que celui qui donnerait le sentiment différât de celui qui produirait le mouvement, tandis qu'en attribuant la vie du système nerveux au stimulus général de toutes les fonctions que nous avons démontré être le sang artériel, il n'existe plus aucune difficulté à cet égard.

§ III.

Des Sens en général.

En faisant consister la vie dans l'harmonie des fonctions de l'économie, la nature, dont le but est la conservation des individus et des espèces organisées, a dû leur procurer à toutes des moyens de maintenir cette harmonie. Ces moyens consistent, pour les végétaux, dans certains mouvements extérieurs des feuilles, dans l'air qui les agite, et dans ceux des racines, au sein de la terre où celles-ci trouvent les sucs qui servent au développement et à l'accroissement de la plante. Ces moyens, pour les animaux; consistent dans des mouvements de locomation par lesquels ils s'approchent des corps étrangers, propres à leur conservation, et s'éloignent de ceux qui pourraient leur nuire. Ces mouvements sont dirigés par le cerveau, qui préside à la direction de tous les actes de la vie intérieure, et les déterminations de ce viscère sont le résultat des besoins de l'économie. Ces besoins sont plus ou moins nombreux, selon que l'organisation de l'individu ou de l'espèce est plus ou moins compliquée. Or, comme de tous les animaux l'homme est celui dont l'organisation est à la fois la plus compliquée et la plus parfaite, il doit éprouver aussi le plus de besoin et le plus d'appétit. Les ressorts qui composent la machine sont si délicats et si multipliés, qu'on les verrait bientôt se briser si des impulsions fréquentes ne portaient sans cesse l'homme à veiller à leur conservation. Ces besoins et ces appétits forment chez l'homme ce qu'on appelle l'*instinct*. Et, qu'on ne s'y trompe pas, c'est uniquement pour la satisfaction de ces besoins que la nature nous a donné cinq sens extérieurs, les organes,

de la locomation, de l'appréhension et de
la parole. Comment les pourrions-nous satisfaire ces besoins, si nous manquions des
moyens de les connaître, c'est-à-dire, si le cerveau, qui est le régulateur de nos fonctions,
n'était pas prévenu par une impulsion intérieure de ce qui se passe en nous-mêmes, et
des dérangements qui surviennent dans nos
fonctions? mais ces notions, comment par-
viennent-elles au centre cérébral? c'est, n'en
doutons pas, par l'organe immédiat du sens
intime.

§. IV.

Du sens intime.

Le sens intime réside essentiellement dans
le plexus solaire, ou le centre épigastrique; il
a pour organe ces nerfs intercostaux ou grands
sympathiques qui, par soixante racines,
tirent leur origine de la moëlle épinière. Ces
nerfs enveloppent comme dans une grande
ellipse tous les viscères du bas ventre et de la
poitrine : ils envoient de nombreux filets dans
la profondeur de tous ces organes. Ils s'unis-

I.   18

sent au pneumogastrique par des intrications innombrables, et ils donnent conjointement avec ce nerf aux mouvements du cœur, de l'estomac, des intestins, du foie, du pancréas, de la rate, et enfin de tous les organes digestifs et sécrétoires, la force nécessaire à l'accomplissement des fonctions dont ils sont chargés.

On a dit et répété, que les nerfs qui traversent des ganglions et qui se terminent dans les viscères et les parois des vaisseaux ne transmettent pas d'impressions au centre cérébral; que la volonté ne dirige point leurs mouvements, et que c'est seulement dans les affections fortes de l'ame et des organes intérieurs que ces nerfs donnent des sensations. On aurait dû dire, au contraire, que dans tous les cas où il se passe quelque chose dans les viscères régis directement par ces nerfs, ceux-ci portent dans le cerveau des impressions si puissantes qu'elles y produisent des déterminations capables de forcer la volonté, et par suite les mouvements qui dépendent d'elle.

Ces nerfs président à la conservation de toute l'économie animale, c'est en vertu de leur action sur le cœur que cet organe envoie à toutes les parties, et en plus grande abondance au cerveau qu'à tous les autres, le sang artériel indispensable à leur entretien. Voudrait-on, d'après cela, que la nature eût soumis des instruments aussi importants pour l'exécution de ses vues, à une volonté souvent capricieuse, la plupart du temps délirante? non, sans doute, aussi a-t-elle été trop sage pour en agir ainsi : ces nerfs commandent à la volonté, parce qu'ils sont les organes de nos plus pressants besoins, et que l'homme, comme tous les autres animaux, est l'esclave de ses besoins.

Lorsque nous nous portons bien, lorsque la marche des fonctions est régulière, nous nous apercevons à peine de l'existence de ce sens intime. Lorsque les aliments ont traversé l'œsophage, nous ne sentons pas leur présence dans l'estomac, cela est vrai. Mais lorsqu'après avoir été tourmentés par la faim, nous avons pris un repas composé de mets salutaires, ne sentons-nous pas tout-à-coup toutes nos fonctions reprendre un agréable équilibre, et la circulation ranimée porter par tout notre corps

18.

le sentiment d'une douce chaleur? A quel sens
devons-nous et cette douleur et cette peine?

L'uniformité et la permanence de ce qui se
passe en nous lorsque nous sommes en état de
santé, laissent toute notre attention dirigée sur
les objets extérieurs. Cependant n'entendons-
nous pas dire tous les jours à ceux qui se portent bien : je me sens léger comme une plume,
comme un oiseau, et beaucoup d'autres choses
trop communes et trop triviales pour que
l'harmonie des fonctions ne soit pas un sentiment de plaisir pour tout le monde?

Mais cette harmonie est-elle troublée, n'en-
tendrez-vous pas ces mêmes hommes se plain-
dre de fatigue, de faiblesse, d'ennui, de douleurs dans les membres , de malaise dans
l'estomac, les intestins? Il est donc vrai que
ce sens rend compte au cerveau de tout ce qui
se passe de bien et de mal en nous, et lui
accuse tous nos besoins.

Il est certain que si nous étions sans cesse
éclairés sur tous les mouvements qui se passent
dans la marche de nos fonctions, il n'y aurait
dans le jour, dans la nuit, ni repos, ni sommeil,

ni tranquillité. Cette marche ne peut être entièrement suspendue sans que la vie le soit
elle-même; mais lorsqu'elle est ou ralentie ou
accélérée, nous nous en apercevons à l'instant
par un sentiment de prostration ou d'énergie.
Notre état est donc constamment celui du
plaisir ou-de la douleur; tout est jouissance
ou peine dans la vie. Le sommeil est un état
dans lequel on n'entre pas sans volupté, et
dont on ne sort pas sans une sorte d'angoisse.
Nos forces sont-elles abattues, les facultés céré-
brales semblent anéanties, l'homme se cherche
lui-même et ne se trouve pas : notre énergie
s'est-elle, au contraire, accrue, bientôt ces facultés sont exaltées, notre imagination nous transporte hors de nous, et notre vie devient tout
extérieure. Il est cependant des circonstances
où un léger ralentissement des fonctions semble
favoriser les facultés intellectuelles. Concentré
en lui-même, le cerveau s'occupe avec plus de
succès et de facilité de la combinaison des idées
restées dans la mémoire. Beaucoup de savants
ont avoué qu'ils ne travaillaient facilement que
lorsqu'ils éprouvaient une légère prostration,

et en vérité il faut convenir que les mouvements
trop rapides du sang en favorisant les élans de
l'imagination, nuisent aux combinaisons qui
exigent de la réflexion. Voilà pourquoi les personnes jouissant d'une grande sensibilité,
éprouvent des sensations multipliées, mais qui
se détruisant l'une par l'autre, ne laissent aucune trace dans la mémoire. Ces personnes montrent ordinairement beaucoup d'esprit dans
leurs paroles et leurs actions, mais rarement
de la raison et du jugement dans leur conduite.
Je sens moi-même que je m'élance hors des
bornes de ce paragraphe, et qu'il est temps
de revenir à l'objet qui en fait la matière.

Comme toutes les fonctions sont unies par
les liens les plus étroits, il est impossible qu'il
se passe le moindre trouble dans l'une sans
qu'il se communique à toutes les autres par la
voie des nerfs qui les unissent toutes : il est donc
impossible aussi qu'il se développe en nous
une nouvelle faculté sans qu'il s'opère quelque
changement dans la marche habituelle de
nos fonctions. L'équilibre ordinaire de nos
forces s'en trouve momentanément déran-

gé, mais tôt ou tard il se rétablit de lui-même. De nouveaux besoins se font sentir, et bientôt de nouvelles sensations font naître de nouvelles idées, car, à proprement parler, nos besoins sont l'expression exacte de nos facultés.

« Chaque besoin tient au développement » de quelque faculté, et chaque faculté, par » son développement même, satisfait à quelque besoin (1). »

Le fœtus ne sent pas le besoin de respirer ni de digérer, parce que les organes de ces fonctions ne sont pas développés chez lui, et parce que, ne faisant qu'un avec sa mère, il reçoit d'elle tout ce qui est nécessaire à l'entretien de sa vie; il n'est pas plus tôt né, que, la faculté de respirer se développant chez lui, il sent le besoin de l'air, et fait tous les mouvements nécessaires à l'inspiration de ce fluide. Il saisit avec avidité le sein de sa mère, parce qu'il a dès ce moment la faculté de digérer.

Où chercher la cause des déterminations et

_____

(1) Cabanis : *Rapport du physique et du moral*, t. I, p. 77.

des mouvements qui se succèdent si rapidement dans les premiers jours de l'enfance, si ce
n'est dans ces impressions, suite nécessaire des
diverses fonctions, impressions que le sens
intime porte au cerveau, et que déjà le fœtus a
éprouvées dans le sein de sa mère, puisqu'il
s'y est livré à des mouvements spontanés ?

Les objets extérieurs n'ont pu encore produire sur le cerveau d'un enfant nouvellement né que des impressions confuses ; l'o-
dorat n'existe point chez lui ; son goût ne
distingue pas les saveurs, son oreille n'entend
rien, sa vue est incertaine, son tact ne lui
a encore fourni d'impression distincte que
celle du froid : pourquoi donc les mouvements de sa physionomie et de ses membres
expriment-ils tant de désirs ? n'est-ce pas
parce que le développement de deux nouvelles facultés ont fait naître deux nouveaux
besoins, et que les organes des sens intimes en
ont porté la connaissance au cerveau, qui dans
ses déterminations ne sait point encore résister
aux impressions de l'instinct, et n'a nullement
besoin d'instruction pour y obéir ?

Si nous voulions suivre ici le développe-

ment successif de toutes les facultés et des opérations intérieures qui résultent du jeu des
fonctions de la vie, nous verrions naître avec
chacune d'elles de nouveaux besoins, et de
ceux-ci de nouveaux désirs qui produiraient
de nouvelles déterminations.

Mais passons à cette époque brillante, où
la vie de l'homme et de sa compagne se complète par le développement d'un nouvel organe; époque où l'individu acquiert toute
sa perfection en devenant propre à perpétuer son espèce. Quel changement dans les
goûts, quel trouble dans l'imagination, quel
désordre dans les idées, ne précèdent pas
et n'accompagnent pas cette importante opération de la nature chez l'homme et même
chez les animaux! Le jeune cheval abandonne
l'herbe des prés, et se livre à des mouvements
vagues mais rapides; le lion renonce à sa proie
et s'enfonce dans les déserts; le loup erre
dans les forêts. Le jeune homme quitte la maison paternelle, renonce à ses jeux, à ses occu-
pations ordinaires, pour chercher un objet inconnu; il sent qu'il a de nouveaux besoins;

il n'en connaît pas encore la nature (1). La jeune fille, au contraire, devient plus sédentaire; mais elle abandonne son aiguille, pour se livrer à des méditations sans objet fixe. Bientôt les désirs se font sentir dans toute leur force, et ils s'expriment avec toute leur énergie dès que l'objet s'en présente. Alors le désordre des idées cesse, l'homme et la femme ont connu leur destinée et ils l'accomplissent.

Je traduirai un passage tiré d'une dissertation à ce sujet publiée à Halle en Saxe, en 1794; par Christ. Frédér. Huber.

« Ne puis-je pas, dit-il, rapporter aux
» impressions instinctives, ce désir secret
» des plaisirs de l'amour, qui tourmente
» l'homme par sa violence? La sensibilité des
» parties de la génération est excitée d'une
» manière admirable : toutes les fibres éprou-
» vent un frémissement agréable, le sang
» artériel y devient plus abondant, elles
» s'embrasent, elles se gonflent, elles rou-

---

(1) Je parle d'un jeune homme et d'une jeune fille élevés dans l'innocence.

» gissent, et sont brûlées d'une ardeur in-
» terne. L'ame ne peut souffrir un tel tour-
» ment, elle cherche un objet qui puisse l'en
» délivrer. »

Je le demande, d'où viendraient ces appétits violents, ces désirs irrésistibles, ces besoins impatients, ces idées bizarres, ces déterminations sans but, à l'époque du développement d'une nouvelle fonction, si les
impressions intérieures n'exerçaient pas sur
l'organe intellectuel un empire auquel il lui
est souvent impossible de résister?

Je sais très-bien, que dans la circonstance
dont je viens de parler, nous n'éprouvons
que des idées vagues, confuses, que tantôt
nous entrons dans une sorte d'extase, que
tantôt nous tombons dans une sorte d'affais-
sement physique et moral; que rien ne nous
indique le siège du mal, que rarement nous
le rapportons à son véritable point; mais
cela prouve combien est intime la liaison
qui existe entre les fonctions du bas ventre,
et combien est grande avec ces fonctions, l'u-
nion du cerveau et de ses dépendances. En

effet, une lésion dans une seule de ces fonctions peut produire les convulsions, les aberrations les plus étonnantes dans les organes de tous les sens, des rapports et quelquefois le délire, la manie, même la fureur. En voilà assez sur ce sujet, puisque je serai obligé d'y revenir lorsque je parlerai de ces sens.

Sensibilité et stimulation, voilà la vie physique et intérieure de l'homme, mais cette vie physique n'est qu'une partie de l'existence animale. Chaque espèce reconnaît dans l'univers extérieur, des stimulants qui lui sont particuliers, vers lesquels elle se dirige, qu'elle s'approprie, et qui contribuent à sa conservation. Ces stimulants varient non-seulement selon les espèces, mais encore selon les individus, et même selon les circonstances de temps, de lieu, et d'âge, dans lesquelles chaque individu se trouve. Ainsi donc, selon ces circonstances, chaque espèce, chaque individu a pour ces stimulants qui lui conviennent des appétits d'autant plus vifs, qu'ils sont plus ou moins nécessaires à son existence. Ces appétits sont l'expression

des besoins, comme ceux-ci sont l'expression
des facultés. Les besoins sont les stimulants
de la vie extérieure, et celle-ci est toujours dirigée vers la conservation de la vie
intérieure. Il suit de là que, pour avoir une
entière connaissance des puissances motrices
d'une espèce ou d'un individu, il ne suffit pas
de connaître son organisation, mais qu'il
faut à la fois connaître ses besoins. Car, comme
nous l'avons dit, les besoins résultent des
facultés, et celles-ci résultent des fonctions.
Le nombre de ceux-là est donc en proportion de celles-ci, et l'on pourrait rigoureusement établir la proportion suivante : les
fonctions sont aux facultés, comme celles-ci
sont aux besoins; de sorte qu'en prenant le
carré des facultés, ou en multipliant la
somme des fonctions par les facultés, on aurait véritablement la somme des besoins. Ce
calcul serait possible relativement aux animaux sauvages; il serait difficile relativement
aux animaux domestiques, auxquels nous
avons fait contracter beaucoup de nos besoins,
et communiqué une petite portion de nos
facultés; mais il serait absolument impossible

pour l'espèce humaine. Qu'on la prenne dans l'état de nature, qu'on la prenne à l'une ou à l'autre des extrémités de la civilisation, les facultés du viscère cérébral, premier moteur de ses actions, dépendent d'une infinité de circonstances : voilà pourquoi l'expression numérique de ces facultés serait elle-même infinie.

Je veux dire que, si les fonctions de la vie interieure sont à peu près réduites, sous beaucoup de rapports, à la même somme dans l'homme que dans les animaux qui approchent de son espèce, celle de sa vie extérieure, quoique tirant sa source d'un seul viscère, est elle-même la source d'un si grand nombre de facultés, que si l'on voulait calculer le nombre des besoins de l'espèce humaine, il faudrait prendre l'infini pour l'un des facteurs

En effet, la vie de l'homme ne se borne pas au présent comme dans les animaux, ses facultés intellectuelles l'étendent à la fois dans le passé et dans l'avenir, et cet avenir est l'éternité. Ce n'est pas seulement dans la tête, c'est encore dans le cœur de l'homme, qu'est gravée l'idée d'un Être éternel, et qu'est imprimé le désir d'une autre vie.

§ V.

Des besoins.

D'après ce que nous venons de dire, on peut diviser les besoins de l'homme, en physiques et intellectuels ; les premiers lui sont communs avec les animaux, les autres sont particuliers à son espèce. Si l'on voulait, en parlant de l'instinct, faire abstraction du cerveau, centre unique de toutes les impressions tant extérieures qu'intérieures, non seulement on ne pourrait pas se former une idée exacte de l'homme, mais on n'aurait pas même celle des espèces qui, ne jouissant pour ainsi dire que d'un seul sens, celui du tact, exécutent cependant des mouvements spontanés, et ont conséquemment, sinon un organe unique, du moins un organe dominant d'où part l'impulsion, en vertu de laquelle ces mouvements sont exécutés. Quand vous avez séparé en deux parties la moëlle épinière d'un lapin, chaque partie de cette moëlle devient le centre des sensations du train de l'animal auquel elle appartient ; il est donc impossible en parlant des besoins des animaux, de faire abstraction du centre cérébral, qui seul peut avoir conscience des impressions, et déterminer les mouvements, suite nécessaire de cette conscience.

Sans adopter entièrement l'opinion du célèbre docteur Gal, qui prétend indiquer positivement d'après les diverses protubérances du crâne, les différentes facultés de l'homme, nous sommes obligés de convenir, et tout le monde conviendra avec nous, que c'est dans le cerveau qu'est le siège de toutes les déterminations d'un animal de quelque espèce qu'il soit, et que conséquemment c'est de ce viscère que tirent leur origine les mouvements par lesquels cet animal manifeste ses besoins, et tend à les satisfaire.

Tous les êtres organisés ont l'instinct de leur conservation, et de là naît pour eux le besoin de la nutrition, et conséquemment celui des mouvements au moyen desquels ils se procurent les aliments indispensables à cette fonction ; chez les animaux de la der-

nière classe, les besoins n'excèdent jamais les
facultés; et celles-ci sont rarement au-dessus
du pouvoir, de sorte qu'en général, chacun
d'eux trouve ordinairement le moyen de pourvoir à ces besoins, quelque étroite que soit la
sphère dans laquelle la nature a circonscrit son
espèce. Où naît le ver de terre, il peut se
nourrir, puisque d'autres animaux de son espèce y ont vécu avant lui. Mais à mesure que
les espèces vivantes s'élèvent, les besoins de
la nutrition deviennent plus grands, et plus
difficiles à satisfaire; et souvent les facultés
chez elles sont au-dessus du pouvoir.

Ce défaut de puissance se fait surtout remarquer dans les carnivores de la grande
espèce, qui vivent dans les régions méridio-
nales. De là les rugissements épouvantables,
dont les lions affamés font retentir les déserts
de la Libye, rugissements qui font fuir les
animaux plus faibles, dont ces monstres auraient pu faire leur pâture. Mais pour les
préserver de la famine, qui aurait été la
suite nécessaire de la terreur qu'il inspire,
la nature semble avoir rapproché du lion par

le besoin de nourriture, et par un intérêt commun, le jakal, espèce douée d'un odorat très-fin, pleine de sagacité pour découvrir la proie, d'adresse et d'ardeur pour la suivre; et qui consent à chasser au compte de son maître, c'est-à-dire à faire tomber le gibier sous sa griffe, à condition d'en avoir sa part.

Les grandes espèces herbivores et frugivores sont moins malheureuses que le lion sous le rapport de la nutrition, c'est-à-dire qu'elles trouvent plus facilement les matières propres à satisfaire leur faim.

Quelle que soit l'avidité des espèces les plus grandes dans l'une et l'autre classe des animaux dont nous venons de parler, elle est loin d'égaler celle de l'homme. Le lion et l'éléphant, lorsqu'ils ont rempli leur estomac, se reposent et dorment, et ne se réveillent que lorsque la faim les aiguillonne de nouveau : mais la prévoyance rend l'homme insatiable et infatigable; il ne se repose pas même lorsque la nuit lui dérobe les objets qui pourraient exciter ses désirs.

La nature a renfermé, soit dans la classe des

végétaux, soit dans celle des animaux, les aliments des espèces les plus avides, et rarement elles sortent des limites qui leur sont imposées. Le lion ne mangera pas de l'herbe, l'éléphant rejettera toutes les substances animales; et encore, quelle que soit sa faim, est-il quelques espèces que le lion dédaignera, quelques plantes que l'éléphant respectera; le bœuf, le cheval recherchent l'herbe des prairies; le mouton va brouter le serpolet, le thym, sur les hautes montagnes; la chèvre insulte aux bourgeons de la vigne : mais l'homme! est-il une plante qu'il dédaigne, est-il un animal dans les forêts, est-il un poisson dans les fleuves, dans les mers, qui ne tentent son appétit, et dont il ne forme un des mets délicieux qui couvrent ses tables somptueuses?

Ce n'est pas tout; la nature, d'elle-même, ne produit pas tout ce qui convient à sa faim. Il détruit les productions les plus communes de la terre, pour la forcer à produire, en certains lieux, les plantes qui conviennent le mieux à son goût délicat; il remue le sein de cette

mère commune, pour le rendre plus fécond ;
il va chercher, presque dans la profondeur de
ses entrailles, des substances inconnues aux
autres animaux, non qu'elles soient propres
ordinairement à contenter sa faim directement ; mais parce que toujours, sous certains
rapports, elles tentent son avidité.

Il rassemble autour de lui les animaux qu'il
a su se soumettre; il les nourrit de sa main,
en attendant le moment de leur donner la
mort et de dévorer leur chair; il fait des provisions considérables des végétaux qui flattent
son goût; ce n'est pas pour un jour, pour une
saison, pour une année qu'il amasse; ce n'est
pas pour lui seul, c'est pour sa famille, pour ses
semblables; ce n'est pas pour toute sa vie, c'est
encore pour celle de ses enfants; et cependant
l'homme est le plus délicat, le plus faible des
animaux de la grande espèce. Pourrait-il,
sous le rapport seul de la nutrition, satisfaire des goûts aussi variés, des appétits aussi
étendus, sans le secours des autres hommes ?
l'homme est donc né avec l'instinct social.

On me dira peut-être que je le prends dans l'état où l'a mis la civilisation, et que, dans l'état de simple nature, il aurait trouvé abondamment dans les vallons, dans les forêts, dans les prairies, dans les lacs, dans les rivières, les végétaux et les animaux propres à apaiser sa faim. Mais, je le demande, qu'on me présente, je ne dis pas un seul individu, mais une seule famille, qui, par goût et par choix, vive isolée sur la surface du globe.

Si les abeilles, les fourmis, les castors, quelques chenilles même, ont reçu de la nature l'instinct social, si d'autres espèces s'assemblent en bandes nombreuses lorsque le besoin le leur commande, pourquoi l'état social ne serait-il pas un des premiers besoins de l'homme, puisqu'il est démontré qu'hors de cet état il ne pourrait pas même se nourrir?

Il est des climats où la nature produit abondamment et en toute saison des fruits qui par leur saveur conviennent au goût de ceux qui les habitent, mais ces fruits contiennent-ils assez de substances alibiles pour suffire à la nourriture de ces habitants? s'en conten-

tent-ils? et s'ils s'en contentaient, ne les verrait-on pas languir et bientôt périr de faiblesse?
Ces fruits d'ailleurs viennent-ils sans aucune
espèce de culture, et ceux qui s'en nourrissent
vivent-ils hors de l'état social? Je sais bien que
nous les considérons comme des sauvages ;
mais les sociétés les plus civilisées aujourd'hui
en Europe, ont à-peu-près commencé de la
même manière : elles sont nées des premiers
besoins de l'homme, et se sont perfectionnées
à mesure que les facultés des citoyens s'augmentant avec l'instruction, le nombre des besoins s'est accru avec celui des facultés, et est
arrivé au point où je l'ai pris, point sans doute
encore fort éloigné de celui où nous le voyons
aujourd'hui.

Mais ce n'est pas tout pour l'homme que de se
procurer les aliments nécessaires à son existence,
il faut encore qu'il se défende contre ses ennemis
naturels, contre les animaux carnivores plus
forts que lui, et contre l'inclémence de l'atmosphère. Pour se défendre des premiers, il
faut qu'il se procure des armes, car ses forces
ne lui suffiraient pas ; c'est armé d'une massue

que les anciens ont représenté Hercule terrassant les monstres; c'est avec son arc qu'Apollon envoya la mort au serpent Pithon. Mais cés ennemis vivants peuvent atteindre l'homme pendant son sommeil, et le dévorer avant qu'il soit en état de défense ; il faut donc qu'il s'entoure d'une enceinte dans laquelle il se réfugiera aux heures de son repos : il lui faut des vêtements pour se garantir tantôt du froid, tantôt de la chaleur sous les climats les plus tempérés; car sa peau, quelque endurcie qu'elle puisse être, ne suffirait pas pour résister à l'inconstance des températures.

Or, je le demande, l'homme isolé serait-il capable de se procurer toutes ces choses! il n'a donc qu'à consulter son instinct pour sentir qu'il a besoin du secours de ses semblables, et l'instinct n'a pas besoin d'être consulté pour commander impérieusement.

On voit donc les premières sociétés entièrement fondées sur les premiers besoins de l'homme, liens indissolubles qui attachent l'individu à l'espèce.

Je n'ai pas encore parlé du besoin qui donne

à l'animal le sentiment tendant à la conservation de son espèce; cet instinct se manifeste
chez tous les animaux, par le développement
d'un organe enseveli dans un profond sommeil
jusqu'à l'époque de la puberté, et chez la plupart par le développement d'une nouvelle
industrie, née de l'impulsion produite d'une
part par un ardent désir, et de l'autre par la
tendresse maternelle.

Cette industrie singulière se montresurtout
avec éclat dans la plupart des oiseaux : que de
patience, que d'adresse le mâle et la femelle
de quelques volatiles ne montrent-ils pas dans
la construction du nid où celle-ci ira déposer
ses œufs, les couver, les faire éclore et nourrir
ses petits! Avec quelle attention, quelle tendresse, quelle activité le mâle ne veille-t-il pas
autour de ce nid où la femelle a déposé les
fruits de leur amour, pendant que celle-ci
remplit les devoirs de la maternité ! Tant
que dure le premier état de faiblesse de
leurs petits, ls rivalisent de zèle et d'empressement pour les nourrir; mais une fois que
ceux-ci sont assez forts pour pourvoir d'eux-

mêmes à leur subsistance, ils quittent leurs
nids, renoncent à ceux qui ont pris soin de
leur enfance; le mâle et la femelle eux-mêmes
se séparent, et voilà une société passagère,
fondée sur un besoin temporaire, rompue dès
que ce besoin n'existe plus.

Les choses ne se passent pas de la même
manière dans l'espèce humaine, et sous le
rapport de l'exercice des fonctions génitales,
la différence est si grande entre cette espèce et
celles qui semblent s'en approcher le plus,
que l'on peut regarder comme un des caractères les plus marquants de l'homme, la
faculté de se reproduire en toute saison, et
même à toute heure de la journée.

Un physiologiste, très-justement célèbre,
a dit : « L'homme présente cela de particu-
» lier, qu'il n'est point assujetti à l'influence
» des saisons dans l'exercice des fonctions
» génitales; » ce même *physiologiste ajoute :*
« *Les animaux, au contraire,* se rassemblent
» à des époques fixes, s'accouplent dans cer-
» tains temps de l'année, et paraissent en-
» suite oublier les plaisirs de l'amour pour

» satisfaire à d'autres besoins. Ainsi les loups
» et les renards se réunissent au milieu de
» l'hiver, les cerfs en automne, le plus
» grand nombre des oiseaux au printemps.
» L'homme seul s'approche dans tous les
» temps de sa compagne, et la féconde sous
» toutes les latitudes, et dans toutes les tem-
» pératures. Cette prérogative tient moins
» peut-être à sa nature particulière, qu'au
» parti qu'il tire de son industrie. Garanti
» par les abris qu'il a su se construire contre
» les rigueurs des saisons et les variations
» de l'atmosphère, pouvant toujours satisfaire
» à l'aide des provisions que sa prévoyance
» tient accumulées; il peut également se livrer
» en tout temps aux jouissances de l'amour.
» Les animaux domestiques que nous avons
» soustraits en partie aux influences exté-
» rieures, produisent presque indifféremment
» dans toutes les saisons. Pour prouver mieux
» encore que c'est en neutralisant par les
» ressources de l'industrie la puissance de la
» nature, que l'homme est parvenu à ne
» point obéir à l'influence des saisons dans

» l'acte reproducteur de son espèce ; on peut
» dire que cette influence de la température
» est d'autant plus prononcée que les animaux
» s'éloignent davantage de l'homme ; qu'ainsi
» le frai des poissons et des grenouilles se
» trouve accéléré et retardé suivant que la
» saison est moins précoce ou tardive , et
» qu'un grand nombre d'insectes a besoin
» pour naître ou pour produire des chaleurs
» dont l'absence les empêche d'exister. »

J'avoue franchement que la considération
que j'ai pour l'auteur de ce long paragraphe
aurait suffi pour m'empêcher de le citer ici,
si je n'y avais pas trouvé des erreurs aussi
préjudiciables aux progrès de la physiologie
qu'à ceux de la morale.

Les hommes qui jugent la nature d'après
leurs petites vues sont sujets à concevoir sur
ses actes des opinions aussi bizarres que ridicules.

Pourquoi vouloir toujours rapprocher
l'homme des autres espèces, ou vouloir mettre
ces espèces à côté de l'homme ? Si en physio-

logie on peut rapprocher de moi un animal
quelconque , il est bien évident que sous
d'autres rapports il en est tellement éloigné,
que jamais ce rapprochement n'a été tenté ni
directement, ni même indirectement par aucun philosophe de l'antiquité.

La supériorité de l'homme sur les animaux
les plus parfaits tient physiologiquement à l'organisation de son cerveau : viscère qui, dans
l'espèce humaine, joue un rôle bien plus important que celui que lui ont assigné les na-
turalistes de tous les temps; viscère sur lequel
le docteur Gall a porté un jugement irréfragable, quoi qu'en veuillent dire les antagonistes
de ce grand homme.

L'homme, en toute saison, est apte au plaisir de l'amour, parce qu'il était important à
la conservation de son espèce qu'il y fût
apte.

La femme ne produit ordinairement qu'un
enfant; avant que cet être auquel elle est
obligée de donner tant de soins , puisse
se passer d'elle , dix ans , douze ans s'écou-

lent. Que deviendrait - il d'ailleurs, si, aux soins de la mère, ne s'unissaient pas ceux du père ?

Je ne prétends pas écrire un traité de morale, mais il m'est évident que l'union conjugale et constante est entrée dans les vues de la nature lorsqu'elle a mis l'homme sur la terre. Elle a dû adoucir les rigueurs de cette union par la possibilité pour l'homme comme pour la femme, de revenir souvent et en tout temps aux plaisirs qui en sont le but, et dont le résultat est la conservation de l'espèce.

Toute autre explication à cet égard serait superflue, absolument superflue.

L'industrie de l'homme résulte de son organisation ; le point capital est de savoir en quoi cette organisation diffère de celle des autres animaux : voilà toute la question.

Nous avons besoin de respirer, de manger, voilà ce qui nous confond avec les brutes ; nous avons de plus besoin de nous vêtir, de nous loger, et de connaître nos facultés, et surtout nos rapports avec tout ce qui nous environne, voilà ce qui nous distingue d'elles et fait de nous une famille à part. Voilà nos besoins, voilà la source de nos désirs, de nos affections, de nos haines, de nos passions.

Voilà l'homme, voilà l'objet important dont je continuerai à m'occuper dans le second volume de cet ouvrage.

FIN DU PREMIER VOLUME.

www.ingramcontent.com/pod-product-compliance
Lightning Source LLC
Chambersburg PA
CBHW060415200326
41518CB00009B/1361